クロスセクショナル統計シリーズ

7

天体画像の誤差と統計解析

市川 隆・田中幹人
[著]

照井伸彦・小谷元子・赤間陽二・花輪公雄
[編]

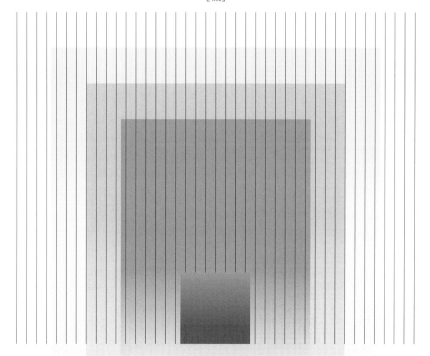

共立出版

本シリーズの刊行にあたって

　現代社会では，各種センサーによるデータがネットワークを経由して収集・アーカイブされることにより，データの量と種類とが爆発的と表現できるほど急激に増加している．このデータを取り巻く環境の劇変を背景として，学問領域では既存理論の検証や新理論の構築のための分析手法が格段に進展し，実務（応用）領域においては政策評価や行動予測のための分析が従来にも増して重要になってきている．その共通の方法が統計学である．

　さらに，コンピュータの発達とともに計算環境がより一層身近なものとなり，高度な統計分析手法が机の上で手軽に実行できるようになったことも現代社会の特徴である．これら多様な分析手法を適切に使いこなすためには，統計的方法の性質を理解したうえで，分析目的に応じた手法を選択・適用し，なおかつその結果を正しく解釈しなければならない．

　本シリーズでは，統計学の考え方や各種分析方法の基礎理論からはじめ，さまざまな分野で行われている最新の統計分析を領域横断的―クロスセクショナル―に鳥瞰する．各々の学問分野で取り上げられている「統計学」を論ずることは，統計分析の理解や経験を深めるばかりでなく，対象に関する異なる視点の獲得や理論・分析法の新しい組合せの発見など，学際的研究の広がりも期待できるものとなろう．

　本シリーズの執筆陣には，東北大学において教育研究に携わる研究者を中心として配置した．すなわち，読者層を共通に想定しながら総合大学の利点を生かしたクロスセクショナルなチーム編成をとっている点が本シリーズを特徴づけている．

　また，本シリーズでは，統計学の基礎から最先端の理論や適用例まで，幅広

く扱っていることも特徴的である．さまざまな経験と興味を持つ読者の方々に，本シリーズをお届けしたい．そして「クロスセクショナル統計」を楽しんでいただけけることを，編集委員一同願っている．

編集委員会　　照井 伸彦
小谷 元子
赤間 陽二
花輪 公雄

はじめに

　重力波やニュートリノなどの電磁波以外でも天体の情報が得られるようになったが，宇宙からの情報は主に電磁波によってもたらされる．より暗い天体，より遠くの天体を観測するために，大望遠鏡が建設され，最先端の技術を取り入れた観測装置が開発されている．そのような最新の技術をもってしても，天文学における最初の発見は，しばしば非常に暗くて少ないサンプルの中から生まれる．雑音に埋もれたデータや，少数のデータから重要な情報を引き出すためにはデータに潜む偶然雑音や系統雑音の正しい理解に基づく統計解析が不可欠である．

　また，装置の大型化によって一度に得られる画像データは飛躍的に増え，今後もデータはますます増えていくことが予想される．一方，世界の天文台で得られた高品質のデータが大量にアーカイブされている．生画像からカタログデータに至るさまざまなアーカイブデータを用いて研究を行う機会も多いが，データそのものに内在する誤差やアーカイブするまでの過程で行われる情報処理の内容をほとんど知る機会がない．

　本巻では，著者の専門分野である光と赤外線で画像として得られる情報とノイズ，さらに画像から抽出される天体情報の統計解析について解説する．宇宙からの情報には，望遠鏡で受けるまでにさまざまな雑音が混入する．望遠鏡に入って来た光子はCCDや赤外線センサーによって電気的な信号に置き換えられるが，この過程においても雑音が混入する．このように雑音に埋もれた天体からの情報を統計的な手法によって高い精度で引き出すことが求められる．

　本書の前半では統計学の基本を天体観測のデータによる具体的な例を挙げながら勉強し，後半では得られたカタログデータから個々の天体やその集団としての統計的性質を導くためのさまざまな手法を解説する．さらに天体からの情

報が画像としてディジタル化されるまでの信号と，そこに混入する雑音の理解，その画像から天体の情報を引き出してカタログを作成するまでの情報処理について解説する．特に，観測データに潜むさまざまな誤差について解説された教科書はほとんどなく，筆者が長く装置開発に携わり，得られたデータを使って研究を進めてきた経験に基づいて解説する．

本書の前半では統計解析向けのR言語を用いている．一方，天文学や宇宙物理学の分野では固有のツールがPythonをベースに開発されていることが多く，天文学向けの解析用パッケージも多数利用できる．付録に具体的なコーディング例を添えて，これらの言語を用いた解析方法を紹介する．高度な解析をしたい読者は是非，C言語等を用いて，自分でコーディングして欲しい．RやPythonはインタプリタ言語なので実行が遅い．特に，すばる望遠鏡などの大きな画像や大量のデータ，複雑なモデルの解析にはCやFORTRANなどのコンパイル言語は圧倒的に速い．ソースコードが公開され，信頼の高い解析パッケージも多数あるが，自身でコーディングすることにより，解析手法の正しい理解の助けになり，また公開されているパッケージの不備や応用の限界を知ることもある．

本書では観測天文学を勉強する学部学生や修士課程の学生を対象として，天文学におけるデータ解析，統計処理に関する基本的な解説に留めた．これから天文学のデータを扱う学生の入門書としていただけたらありがたい．各専門分野についての解説はそれぞれの教科書や文献等にゆずる．なお本シリーズ第1巻「数理統計学の基礎」（尾畑伸明著）に記述されている定義，定理，証明を多く引用しているので，合わせて参照して欲しい．

最後に，本書を「クロスセクショナル統計シリーズ」の1冊に加えていただいた編集委員の諸先生方，および原著を丁寧に読んでいただき，多くの貴重なコメントをいただいた広島大学の植村誠氏に深い感謝の意を表したい．また辛抱強く，原稿の完成を待っていただき，また励まし続けていただいた共立出版編集部の山内千尋氏に感謝したい．

2018年9月 著　者

目　　次

第 1 章　統計と誤差の基本　　1
- 1.1　母集団と標本　　1
- 1.2　1 変量データの記述　　3
  - 1.2.1　度数分布とヒストグラム　　3
  - 1.2.2　分布関数　　6
  - 1.2.3　代表値　　7
  - 1.2.4　分布のばらつき　　9
  - 1.2.5　画像データの代表値　　11
  - 1.2.6　標本平均のばらつきと標準誤差　　13
- 1.3　2 変量データの記述　　20
  - 1.3.1　散布図　　20
  - 1.3.2　相関係数　　22
  - 1.3.3　ノンパラメトリックの順位相関係数　　23
  - 1.3.4　線形回帰：直線への当てはめ　　24
  - 1.3.5　2 変量データのヒストグラム　　27
  - 1.3.6　線形回帰：直線への当てはめへの精度　　28
  - 1.3.7　分散が異なる変数の線形回帰分析　　30
  - 1.3.8　非線形回帰分析　　32
  - 1.3.9　相関比　　33
- 1.4　重回帰分析　　33
  - 1.4.1　説明変数が 2 つの回帰分析　　34
  - 1.4.2　複雑な模型　　37

1.4.3 カイ2乗メリット関数に基づく回帰分析 39

第2章 確率変数と確率分布　42
2.1 確率変数と確率密度関数 42
2.2 確率変数の平均値と分散 44
2.3 多変数の場合 47
2.4 確率分布関数 49
2.4.1 一様分布 49
2.4.2 正規分布（ガウス分布）. 49
2.4.3 多変量正規分布 51
2.4.4 対数正規分布 53
2.4.5 ベルヌーイ分布 53
2.4.6 二項分布 54
2.4.7 ポアソン分布 55
2.4.8 ベータ分布 57
2.4.9 カイ2乗分布 58
2.4.10 F 分布 59
2.4.11 t 分布 60
2.4.12 べき分布 60
2.4.13 指数分布 62
2.4.14 ガンマ分布 62
2.5 確率密度分布に基づく乱数の発生 63
2.5.1 逆関数法による乱数の発生 64
2.5.2 正規分布に基づく乱数の発生 65
2.5.3 棄却法による乱数の発生 67

第3章 推定と検定　68
3.1 点推定の基準 69
3.2 区間推定 71
3.3 再標本化法による統計量の誤差の評価 73

	3.3.1 ノンパラメトリックブートストラップ法	74
	3.3.2 パラメトリックブートストラップ法	78
	3.3.3 ジャックナイフ法	80
3.4	誤差の伝搬と信頼区間	83
3.5	最小2乗法とカイ2乗検定	84
3.6	分位点による比較	88
3.7	正規分布における母平均の差の検定	89
3.8	コルモゴロフ・スミノフ検定	90
3.9	F 分布と等分散検定	92
3.10	確率密度分布の推定	93
	3.10.1 ノンパラメトリック法による回帰分析	94
	3.10.2 残差の表示と診断	95
	3.10.3 異常値に対して安定なロバスト推定法	97

第4章　パラメータの最尤推定　　100

4.1	尤度関数と最尤推定	100
4.2	正規分布の最尤推定	102
	4.2.1　1変数の場合	102
	4.2.2　2変数の場合	103
4.3	ポアソン分布の最尤推定	107
4.4	情報量規準 AIC による最適モデルの選択	110

第5章　パラメータのベイズ推定　　113

5.1	天文学者が切り開いたベイズ統計学	113
5.2	ベイズ統計学の応用例	116
5.3	マルコフ連鎖モンテカルロ法	124
	5.3.1 マルコフ連鎖	125
	5.3.2 メトロポリス法	126
	5.3.3 マルコフ連鎖の挙動	127
	5.3.4 いろいろな MCMC 法	131

第6章　天体画像の誤差　　135

- 6.1　偶然誤差と系統誤差 ... 137
- 6.2　光子検出の確率分布 ... 138
- 6.3　量子化誤差 ... 140
- 6.4　サンプリングにともなう誤差 ... 141
  - 6.4.1　ナイキストサンプリングと折り返し雑音 ... 142
  - 6.4.2　アンダーサンプリング ... 147
- 6.5　バイアス画像と誤差 ... 147
- 6.6　非破壊読み出しと誤差 ... 149
  - 6.6.1　相関読み出しと誤差 ... 149
  - 6.6.2　相関読み出しと飽和電荷量 ... 151
- 6.7　センサーの非線形補正 ... 153
- 6.8　背景光の評価 ... 154
- 6.9　検出限界 ... 157

付　録　　163

- A　R ソースコード ... 163
- B　Python ティップス ... 164
  - B.1　基本的な統計量 ... 164
  - B.2　ポアソン分布によるモデリング ... 167
  - B.3　ノンパラメトリックブートストラップの実装例 ... 168
  - B.4　パラメトリックブートストラップ法の実装例 ... 168
- C　Python によるさまざまなコーディング例 ... 169
  - C.1　散布図 ... 169
  - C.2　複雑な散布図 ... 171
  - C.3　データの読み込み ... 173
  - C.4　最小二乗法によるパラメータの推定 ... 175

参考文献 178

索　引 181

1

統計と誤差の基本

　天文現象から得られるデータは標本に過ぎず，宇宙における普遍的な性質や法則を解明するとき，母集団のすべてを調べることは難しい．たとえば，銀河系の構造を調べるために，数千億個もある銀河系の恒星を調べること，あるいは銀河の分布や進化を調べるために，宇宙の大半の銀河を調べることはできない．系外惑星が次々と発見されているとは言え，全宇宙から見れば氷山の一角に過ぎない．宇宙において母集団を調べることは，技術的にも時間的にもほとんど不可能で，私たちの能力をはるかに超えている．そのため天文学では限られた範囲のデータを使って，母集団の性質を統計的に解明し，宇宙の一般法則を見い出してきた．この章では天文学におけるデータ解析に基本的な統計の手法と誤差について学ぶ．

1.1　母集団と標本

　統計的な調査の対象を**母集団** (population) と呼び，それを構成する各要素を**個体** (individual) と呼ぶ．たとえば，広く宇宙に点在する銀河は母集団であり，その一部を切り取って観測した銀河は個体である．各個体に対して，画像データなどを用いて測定が行われ，たとえば，銀河の場合には見かけの明るさ，視線速度，形態などのその特性を表す観測値を求める．天体の明るさなど，データが定量的な値で与えられるものを量的データ (quantitative data)，形態などの分類は質的データ (qualitative data) と呼ぶ．個体ごとに異なる観測値をまと

めて**変数** (variable) と言う．明るさのように連続的な変数を**連続変数** (continuous variable), 星のスペクトル型や銀河の形態を表すハッブル分類などは**離散変数** (discrete variable) である．個体の特徴を数値化するために導入される**平均** (mean), **分散** (variance), **標準偏差** (standard deviation) などの量を**統計量**と言う．たとえば1つ1つの星や銀河は個体であり，それらの明るさは変数，平均の明るさは統計量である．統計量は個体の性質を代表するものである．母集団に属する個体の総数を母集団の大きさと言い，有限の場合と無限の場合がある．天文学では実際に観測できる天域はごく一部なので，母集団は無限と考えてよい．

観測の対象として取り出した個体を**標本**（サンプル，sample）と言い，標本を選び出すことを**標本抽出**（サンプリング，sampling）と言う．天文学では，母集団に対して個体をすべて観測する**全数調査** (total inspection) は難しいので，一般に母集団の一部を観測対象とする**標本調査** (sample survey) である．標本調査によって得られた観測値から母集団の統計的性質を合理的に推測する．**記述統計** (descriptive statistics) は観測対象となった各個体についての測定データを整理，要約して，集団としての特徴を記述する方法である．

母集団の性質が，理論や経験によって，特定の関数モデルで表現されることがある．標本からモデルに当てはめるとき，モデルの形状を決定する関数の定数を**母数**（パラメータ，parameter）と言う[1]．たとえば，x, y を標本の測定データとし，モデルが1次式 $y = ax + b$ で表されるとき，a と b は母数であり標本からその値を推定する．モデルの当てはめがもっともらしいかどうかは仮説検定の方法を用いる．モデルに当てはめることによってパラメータの推定値を求める統計解析の方法を**パラメトリック** (parametric) **法**と呼ぶ．それに対して，事前に分布モデルが知られていない，あるいは得られたデータ数が少なく，分布を仮定することが困難な場合など，分布モデルやそこに含まれるパラメータを決めずに，順位などを用いて母集団の性質を調べることがある．この統計解析を**ノンパラメトリック** (nonparametric) **法**と呼ぶ．

---

[1] 天文学ではパラメータがよく使われるので，本書では母数とパラメータは同義語として併用する．

1.2 1変量データの記述

1.2.1 度数分布とヒストグラム

1つの変数に注目して得られた観測値の数列を 1 次元**変量** (variate) データと言う．（p 個の変数の観測値の場合を p 次元変量データと呼ぶ．）離散的な 1 次元変量データの例として，**ケプラー衛星** (Kepler)[2] によって繰り返し観測されたある星の 4000 回の明るさのデータを母集団としよう [10]．その中から n 個の標本を抽出して，母集団の統計量の性質を調べてみる．繰り返し観測されたデータは**偶然誤差** (random error) によってばらつく．偶然誤差はガウス分布 (Gaussian distribution) などの確率分布に従ってランダムに生じる誤差である．

ここでは明るさの傾向を調べるために**ヒストグラム** (histogram, 柱状グラフ) を用いてみよう．標本の明るさを**階級** (class) で表したときのヒストグラムを図 1.1 に示す．左図は母集団 $N = 4000$ のデータである．横軸は観測値，単位はセンサーに蓄積された単位時間当たりの光子数である．星の明るさは通常，等級 (magnitude)[3] で表すが，第 6 章で解説するように，光子数で表される星の明るさの**ショットノイズ** (shot noise) は光子の数が十分に大きい場合，正規分布で

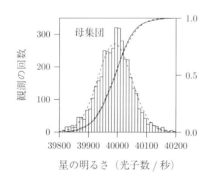
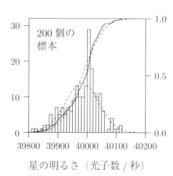

図 **1.1** ヒストグラムと分布関数

---

[2] 2009 年に NASA（米航空宇宙局）によって打ち上げられた，主に地球型の系外惑星を探査する目的の天文衛星．トランジット法を用いた高い精度の測光によって，多数の系外惑星を発見した．

[3] $-2.5 \log f/f_0$，f は星のフラックスまたは光子数を単位とした明るさ．f_0 は 0 等星の明るさ（表 6.2）．天文学では常用対数を使用することが多いので，本書では常用対数を log，自然対数を ln で表す．

表 1.1　星の明るさの度数分布

光子数/秒	39810〜39820	39820〜39830	...	40000〜40010	...	40190〜40200
母集団 (4000 データ)						
度数	5	16	...	321	...	2
相対度数	0.0013	0.004	...	0.080	...	0.0005
標本 (200 データ)						
度数	1	1	...	29	...	2
相対度数	0.005	0.005	...	0.145	...	0.01

近似できるので，ここでは等級の代わりに光子数を変数とする．階級の幅は 10 光子とする．縦軸は各階級での観測された頻度を表す**度数** (frequency) である．階級と度数を一覧表にしたものを**度数分布表**と言う（表 1.1）．度数分布表では傾向が読み取ることができなくても，それを視覚化したヒストグラムから解析の方向性のヒントが得られることがある．

次に離散変数の例を示す．図 1.2 は**ヒッパルコス衛星** (Hipparcos)[4] が観測した太陽近傍の 10 pc と 100 pc[5] 以内にある恒星のスペクトル型の分布である [9]．この度数分布を表 1.2 に示す．10 pc 以内では M 型星の割合が非常に大きい．10 pc と 100 pc 以内の星のスペクトル型分布の違いは歴然としているが，異な

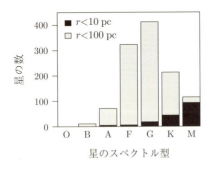

図 1.2　近傍の星のスペクトル型分布

---

[4] 1989 年に ESA（欧州宇宙機関）によって打ち上げられた世界初の位置天文衛星．3 年半の観測終了までに約 12 万個の星に対して約 1 ミリ秒角の精度で三角視差と固有運動の測定を行った．

[5] 1 pc（パーセク）は約 3.26 光年の距離．

表 1.2　近傍の星のスペクトル型の度数分布

スペクトル型	O	B	A	F	G	K	M
$r < 10$ pc							
度数	0	0	5	6	18	44	93
相対度数	0	0	0.03	0.04	0.11	0.27	0.56
$r < 100$ pc							
度数	0	11	66	317	394	169	22
相対度数	0	0.01	0.07	0.32	0.40	0.17	0.02

るかどうかの検証には統計的検定が必要である．その際には，標本の数が少ないことによる統計的ばらつきの他に，スペクトル型によって固有の明るさ（**絶対等級**, absolute magnitude）が異なることも考慮しなければならない．たとえば，M 型星は一般に暗いので，10 pc より遠方にあるものは観測が困難であり，標本が不完全であることが予想される．このように統計解析を行う前に，偶然誤差の他に，標本化にともなう標本の偏りや不完全性などにより系統的なずれとなる**系統誤差** (systematic error) も予め調査しておく必要がある．

　観測値から度数分布やヒストグラムを作るとき，階級のとり方に任意性がある．階級の幅を小さくすると各階級の度数が減り，逆に広くすると度数は増えるが，階級の数が減るため，分布に関する見た目の情報は少なくなる．また観測値の数が少ないと各階級の度数が少ないので分布の傾向がつかみにくい．たとえば，図 1.1（右）は左図の母集団からランダムに 200 個抽出した標本である．階級の幅は比較のために同じにしてある．度数が少ないため元の図と比べてはっきりした傾向が見られない．

　階級の数 k については，**スタージェス** (Sturges) **の式**

$$k \sim 1 + \log_2 n$$

がよく使われている [21]．ここで n は標本の数である．この式は二項分布（2.4.6 項）を元にしている．階級の数が k で，度数が二項係数 $_{k-1}C_i$ に等しい度数分布を考えると，標本の合計は

$$n = \sum_{i=0}^{k-1} {}_{k-1}C_i = 2^{k-1}$$

となる．標本の数が多いとき，二項分布が正規分布（2.4.2 項）で近似できることからよく使われている．標準偏差 σ の正規分布に近い分布をしている場合，階級の幅 h は目安として

$$h \sim \frac{3.5\sigma}{n^{1/3}}$$

程度がよいとされている．そのほか，階級の数を標本数の平方根 $k = \sqrt{n}$ とする方法もあるが，階級の数や幅は特に統一的な方法はなく経験的に決める場合が多い．

1.2.2 分布関数

観測値 $\{x_1, x_2, \cdots, x_n\}$ が与えられたとき，x 以下の値をとる観測値の割合を表す関数 $F(x)$ を**分布関数** (distribution function) または**累積分布関数** (cumulative distribution function) と言う．離散的な n 個の観測値 $\{x_1, x_2, \cdots, x_n\}$ の分布関数は

$$F(x) = \frac{1}{n}|\{i; x_i \leq x\}|$$

で与えられる．最大値は 1 に規格化する．図 1.1 に $N = 4000$ の母集団と $n = 200$ の標本データの分布関数を示す（実線）．左図の母集団はデータの数が大きいので連続的に見えるが，一般に n 個の観測値に対する分布関数は，観測値として現れた値において $1/n$ の整数倍だけジャンプする階段状の増加関数である．標本数の少ない右図にはその様子が見てとれる．

図 1.3 はすばる望遠鏡で観測されたある天域での銀河の等級分布である．銀河が 3 次元空間に一様に分布しているとき，天域内にある等級 m の銀河の個数 $f(m)$ は，C を定数として $f(m) = Ce^{0.6m}$ と表される（図中の点線，実線は累積分布関数）．観測値は 24 等付近を境に一様分布からはずれ，26 等より暗い銀河はなだらかに減少していく．このヒストグラムから銀河の分布などの性質を統計的に調べるためには，銀河分布の非一様性や観測誤差，暗い天体の検出の不完全性などを予め調べておく必要のあることがわかる．

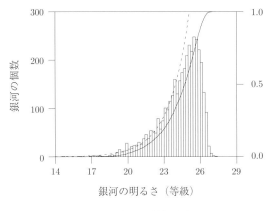

図 **1.3** 銀河の等級分布

1.2.3 代表値

母集団から抽出した標本の観測値 $\{x_1, x_2, \cdots, x_n\}$ の値を代表させるものとして，**平均値** (mean value)，**中央値** (median)，**最頻値** (mode) などがある．図 1.1 のように，観測値の分布がある値の周囲に比較的まとまっているときに有効な値である．離散的な観測値の平均値（**算術平均値**, arithmetic mean）$\bar{x}$ は

$$\bar{x} = \frac{1}{n}\sum_{i=1}^{n} x_i \tag{1.1}$$

で定義される．平均には算術平均のほかに，**幾何平均** (geometric mean) や**調和平均** (harmonic mean) などがある．幾何平均値 x_G は

$$x_G = \sqrt[n]{x_1 x_2 \cdots x_n},$$

調和平均値 x_H は

$$\frac{1}{x_H} = \frac{1}{n}\left(\frac{1}{x_1} + \frac{1}{x_2} + \cdots + \frac{1}{x_n}\right)$$

と定義され，それぞれの平均値は目的にあわせて用いられる．w_i を各標本の重みとした場合の平均（**加重平均**, weighted mean）は

$$\bar{x} = \frac{\sum w_i x_i}{\sum w_i}$$

で表される.

星の明るさの平均値は,
$$\bar{m} = \frac{1}{n}\sum_{i=1}^{n} m_i$$
のように等級を使って求めることもある.この式は,f_0 を 0 等星のフラックス (flux) や光子数で表した明るさ,f_i を標本の明るさとすると,
$$\bar{m} = \frac{1}{n}\sum_{i=1}^{n}(-2.5\log(f_i/f_0))$$
と表されるので
$$\bar{f} = \left(\prod_{i=1}^{n} f_i\right)^{1/n}$$
と同じであり,これは幾何平均である.観測された光子の数が多いときの f_i の誤差は正規分布で近似されるが,m の誤差は正規分布とならないことに注意が必要である.図 1.4 は図 1.1 を階級を等級で表したヒストグラムである.等級を用いて推定した正規分布を点線で示してある.この図から等級での度数分布は正規分布からずれており,明るいほう(等級の数値が小さいほう)に偏っていることがわかる.一般に幾何平均値は算術平均値(式 1.1)より小さな値となるので,等級の平均は本来期待される明るさより暗く見積もる.

観測値 $\{x_1, x_2, \cdots, x_n\}$ を
$$x(1) \leq x(2) \leq \cdots \leq x(n)$$

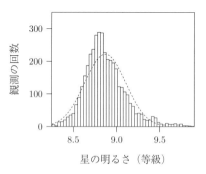

図 **1.4** 星の等級によるヒストグラム

のように大きさの順に小さいほうから並び替え（これを**順序統計量**と言う），順位がちょうど中央にある量を中央値と言う．図 1.1 では，分布関数が 0.5 になる観測値が中央値である．n が奇数のとき中央の値は存在するが，偶数のときは最も中央に近い 2 つの値の平均を中央値とする．

観測値 $\{x_1, x_2, \cdots, x_n\}$ のなかに同じ値が現れる頻度が最も高い値を最頻値と言う．離散的な標本の場合は最も頻度の高い階級の平均値を用いる．最頻値は 2 つ以上あることもある．ただし，階級の選び方や標本の数などの影響を受けるので，最頻値の求め方には注意が必要である．平均値は最も基本的な量であるが，極端なはずれ値に影響を受けやすく，中央値や最頻値はその影響を受けにくい性質をもつ．

順序統計量を用いた指標に**分位点**がある．分位点には**四分位点** (quantile) と**百分位点**（パーセンタイル，percentile）などがある．統計量で下から 25%の順位にある観測値を第 1 四分位点（または下位 25%点），下から 75%の順位にある観測値を第 3 四分位点（または上位 25%点）と言う．図 1.1 左の場合，第 1 四分位点の星の明るさは 39953.8，第 3 四分位点は 40027.3 である．

天文学では，たとえば，ある明るさ以上の天体は全体の何%を占めるかなどの考察においてしばしばパーセンタイルが使われる．標本数が多い場合には，小さな割合の天体の性質を表すのによいが，標本数が少ない場合には分位点の精度は悪くなる．

1.2.4　分布のばらつき

観測値 $\{x_1, x_2, \cdots, x_n\}$ の平均値を $\bar{x}$ とするとき，各 x_i と $\bar{x}$ の差を平均からの**偏差** (deviation) または**残差** (residual) と言う．偏差の平方和 $\sum_{i=1}^{n}(x_i - \bar{x})^2$ を**変動** (variation) と言う．変動を用いて

$$s^2 = \frac{1}{n}\sum_{i=1}^{n}(x_i - \bar{x})^2 \qquad (1.2)$$

で定義される s^2 を**分散** (variance) と言う[6]．または母集団から抽出された標本

---

[6] 分散は平均値の不偏推定量 (unbiased estimator) に対して定義される**推定量** (estimator) である．一般に，不偏推定量でない c に対して，$\frac{1}{n}\sum(x_i - c)^2$ を**平均 2 乗誤差** (mean square error, MSE)．またその平方根を **RMSE** (root mean square error) と呼ぶ．

の分散なので，**標本分散** (sampling variance) とも言う．標本に限定したときの各観測値 x_i の平均値 $\bar{x}$ からのばらつきの平均を表している．式 (1.2) を変形すると，

$$s^2 = \frac{1}{n}\sum_{i=1}^{n} x_i^2 - \bar{x}^2$$

と表される．重み付きの場合は，

$$s^2 = \frac{\sum w_i(x_i - \bar{x})^2}{\sum w_i}$$

である．分散の正の平方根

$$s = \sqrt{\frac{1}{n}\sum_{i=1}^{n}(x_i - \bar{x})^2}$$

を**標準偏差**と言う．

一般に，k 次の**中心モーメント** (moment) m_k は

$$m_k = \frac{1}{n}\sum_{i=1}^{n}(x_i - \bar{x})^k$$

で定義される．平均値 $\bar{x}$ は標本 x_i の 1 次のモーメント，標本分散 s^2 は 2 次の中心モーメントである．3 次の中心モーメントは平均値を中心として分布の対称性の指標の**歪度** (skewness)，4 次の中心モーメントは平均値のまわりへの集中度の指標の**尖度** (kurtosis) である．歪度と尖度はモーメントをそれぞれ s^3 と s^4 で規格化し，無次元量として定義される（歪度 $= m_3/s^3$，尖度 $= m_4/s^4$）．

図 1.1 の破線は，観測値の平均値と標準偏差をもつ正規分布 $f(x)$（式 1.3）とその分布関数 $P[X \leq x]$（式 1.4）である．破線の正規分布は標本の数で規格化してある．

$$f(x) = \frac{1}{\sqrt{2\pi}\sigma}\exp\left(-\frac{(x-\mu)^2}{2\sigma^2}\right) \tag{1.3}$$

$$P[X \leq x] = \int_{-\infty}^{x} f(x)dx \tag{1.4}$$

表 1.3 図 1.1 の代表値

標本数	中央値	平均	標準偏差	最小値	最大値	歪度	尖度
4000	39992.6	39990.0	58.9	39810.1	40199.6	−0.07	3.07
200	39995.5	39982.5	57.1	39815.2	40161.4	−0.47	3.01

標本の数が多い場合，星の明るさはほぼ正規分布に従うことが読み取れる．一方，標本が少ない場合には分布の傾向が読み取りにくい．

表 1.3 に図 1.1 の代表値をまとめた．歪度が非常に小さいことは，明るさの分布が平均値をはさんで左右対称であることを表し，尖度が 3 に近いことから正規分布に近いことがわかる（正規分布の尖度は 3）．このことから天体の明るさのばらつきが正規分布で近似されるショットノイズによるものと理解される．

分布の広がりを表すそのほかの代表値として，

$$\mathrm{MAD} = \frac{1}{n}\sum_{i=1}^{n}|x_i - d| \tag{1.5}$$

で表される予測値 d のまわりの**平均絶対偏差** (Mean Absolute Deviation, **MAD**) がある．分散や標準偏差は偏差を 2 乗するために平均値から大きくはずれたデータの影響を受けやすいが，平均絶対誤差はその影響を受けにくい．なお，MAD を最小値にする d は中央値である．

1.2.5 画像データの代表値

画像に写った天体などの対象物の位置を表すデータ (x,y) とその位置での明るさ I をもつデータを用いて対象物の代表値を次のように定義できる．位置 (x_i, y_j) での測定値を $I(x_i, y_j)(i=1,2,\cdots,n; j=1,2,\cdots,m)$ と表記する．位置の平均値 $\bar{x}$ と $\bar{y}$ は画素の値 I を重みとする平均値として定義する．S は対象物が写っている画像の領域を表し，$i \in S$ は領域内のすべての位置を表す（図 1.5）．$\bar{x}, \bar{y}$ は

$$\bar{x} = \frac{\sum_{i \in S} I_i x_i}{\sum_{i \in S} I_i}, \quad \bar{y} = \frac{\sum_{i \in S} I_i y_i}{\sum_{i \in S} I_i}$$

で表される．ここで 2 次のモーメント（分散）s_x^2, s_y^2 は対象物の広がりを表す指標となる．

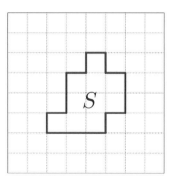

図 1.5

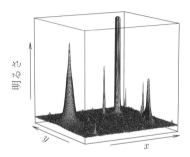
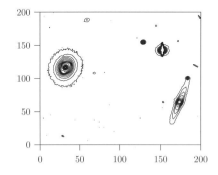

図 1.6 画像データ
　　　左は天体の明るさを濃淡と等高線で表した 2 次元表記．右は鳥瞰図で表した 3 次元表記．

$$s_x^2 = \frac{\sum_{i \in S} I_i(x_i - \bar{x})^2}{\sum_{i \in S} I_i}, \quad s_y^2 = \frac{\sum_{i \in S} I_i(y_i - \bar{y})^2}{\sum_{i \in S} I_i}$$

画像の表示の仕方には，等高線図 (contour map) や鳥瞰図 (bird's-eye view) がある．これを図 1.6 に示す．高さは明るさの対数で表してあるので，暗い天体が強調されている．天体画像に限らず，データをこのように 2 次元あるいは 3 次元表記にすることで統計解析の理解の助けとなることも多い．

1.2.6 標本平均のばらつきと標準誤差

平均値，分散などの統計量のばらつきを表す標準偏差を**標準誤差** (standard error) と言う[7]．標準誤差は統計量の信頼度の指標を与える．母集団の分布関数が知られていない場合，抽出された標本を用いて分布関数を推定する．サイコロを多数回投げたとき，1 の出る相対頻度はだいたい 1/6 と期待されるが，実際に 1/6 となるかは測定してみないとわからない．不均質な場合には 1/6 となるとは限らないからである．実験して初めて，均質，不均質が評価できる．では，どの程度の数の標本を抽出したら信頼できる統計量やモデルが得られるだろうか．

無作為に抽出した標本で得られる推定量 $\hat{\theta}$ からパラメータ θ を推定する場合，推定量 $\hat{\theta}$ は確率変数であり，$\hat{\theta}$ の性質を知るには $\hat{\theta}$ の分布を調べる必要がある．ここではパラメータの推定値の例として平均値のばらつきについて考える．母集団から抽出した標本の平均値を $\bar{x}$ とする．母集団から同じ個数で n 回繰り返し標本を抽出して，n 個の平均値 $\bar{x}_i (i = 1, 2, \cdots, n)$ を得たとき，$\bar{x}_i$ はどの程度のばらつきをもつだろうか．$\bar{x}_i$ の平均値は標本数が多いほど，また標本セット数が多いほど一定の値に近づいていくことが予想される．

最初に有限個数 N 個の標本からなる母集団を，次に N が非常に大きい母集団について考える．母平均 μ と母分散 σ はそれぞれ

$$\mu = \frac{1}{N} \sum_{i=1}^{N} x_i, \quad \sigma^2 = \frac{1}{N} \sum_{i=1}^{N} (x_i - \mu)^2$$

で定義される．観測値 $X = \{x_1, x_2, \cdots, x_n\}$ に対して，離散型確率変数 X を定

---
[7] 学生のレポートなどで，標準偏差と標準誤差を混同していることがしばしば見受けられるので，注意が必要である．

義すると X の期待値 (expectation)（または平均値）$\mathbf{E}[X]$ と分散 $\mathbf{V}[X]$ は定義により（第 1 巻 3.3.5 項）

$$\mathbf{E}[X] = \mu, \quad \mathbf{V}[X] = \sigma^2$$

である．また，$\mathbf{V}[X]$ は変形すると，

$$\begin{aligned}\mathbf{V}[X] &= \mathbf{E}[(X - \mathbf{E}[X])^2] = \mathbf{E}[X^2] - \mathbf{E}[X]^2 \\ &= \mathbf{E}[X^2] - \mu^2\end{aligned}$$

と表される．したがって，$\mathbf{E}[X^2] = \sigma^2 + \mu^2$ となる．

次に抽出を繰り返したときの標本の平均値（式 1.1）の列 $\bar{X} = \{\bar{x}_1, \bar{x}_2, \cdots, \bar{x}_n\}$ の平均値と分散を求める．平均値 $\bar{x}$ の期待値 $\mathbf{E}[\bar{x}]$ は

$$\begin{aligned}\mathbf{E}[\bar{x}] &= \mathbf{E}\left[\frac{1}{n}\sum_{i=1}^{n} x_i\right] = \frac{1}{n}\sum_{i=1}^{n} \mathbf{E}[x_i] \\ &= \mathbf{E}[x_i] = \mu\end{aligned}$$

となる．$\mathbf{E}[\bar{x}] = \mu$ なので，平均値の期待値が推定しようとしている母数に等しい．このようなとき，$\bar{x}$ は母集団の平均の**不偏推定量** (unbiased estimator) と言う．一方，分散 s^2 は

$$\begin{aligned}s^2 &= \frac{1}{n}\sum_{i=1}^{n}(x_i - \bar{x})^2 = \frac{1}{n}\sum_{i=1}^{n} x_i^2 - \left(\frac{1}{n}\sum_{i=1}^{n} x_i\right)^2 \\ &= \frac{1}{n}\sum_{i=1}^{n} x_i^2 - \frac{1}{n^2}\left(\sum_{i=1}^{n} x_i^2 + \sum_{i \neq j} x_i x_j\right).\end{aligned}$$

となり，s^2 の平均値は

$$\mathbf{E}[s^2] = \frac{n-1}{n}(\mathbf{E}[x_i^2] - \mathbf{E}[x_i x_j]_{i \neq j})$$

となる．ここで，

$$\mathbf{E}[x_i^2] = \frac{1}{N}\sum_{i=1}^{N} x_i^2 = \sigma^2 + \mu^2$$

$$\mathbf{E}[x_i x_j] = \frac{1}{N(N-1)} \sum_{i \neq j}^{N} x_i x_j$$

$$= \frac{1}{N(N-1)} \left(\left(\sum_{i=1}^{N} x_i\right)^2 - \sum_{i=1}^{N} x_i^2 \right)$$

$$= \frac{1}{N(N-1)} \left(N^2 \mu^2 - N(\sigma^2 + \mu) \right)$$

$$= \mu^2 - \frac{\sigma^2}{N-1},$$

よって,

$$\mathbf{E}[s^2] = \frac{N}{N-1} \frac{n-1}{n} \sigma^2$$

となる.したがって,

$$\mathbf{E}\left[s^2 \frac{N-1}{N} \frac{n}{n-1} \right] = \sigma^2$$

となり,$s^2(N-1)/Nn/(n-1)$ の期待値が母集団の分散の不偏推定量になるので(以下,これを**不偏分散**と呼ぶ).不偏分散 u^2 は

$$u^2 = s^2 \frac{N-1}{N} \frac{n}{n-1} = \frac{N-1}{N} \frac{1}{n-1} \sum_{i=1}^{n} (x_i - \bar{x})^2$$

である.母集団をすべて抽出したとき $(n=N)$,

$$u^2 = \frac{1}{N} \sum_{i=1}^{N} (x_i - \bar{x})^2$$

となり,母分散 σ^2 に一致する.また,$N \gg 1$ のとき,

$$u^2 = \frac{1}{n-1} \sum_{i=1}^{n} (x_i - \bar{x})^2 \tag{1.6}$$

となる.母集団の平均値と分散が知られていないときは,平均 $\bar{x}$ と不偏分散 u^2 をそれぞれのもっともらしい推定値とする.なお,標本が 1 個 $(n=1)$ のとき,不偏分散は定義されない.n が十分に大きいときには,s^2 と u^2 の差は非常に小さくなるので,実質上,どちらを用いてもよい.ここで式に現れる $n-1$ を**自**

由度 (degree of freedom) と言う．$\bar{x}$ は未知の母平均 μ の代わりに用いた推定量であり，推定量を求めるとその個数（この例では 1 個）だけ自由度が減る．

次に標本の平均値 $\bar{x}$ を何度も繰り返して求めたときの $\bar{x}$ のばらつき，すなわち，$\bar{x}$ の分散 $\mathbf{V}[\bar{x}]$ を求める．

$$\begin{aligned}
\mathbf{V}[\bar{x}] &= \mathbf{E}[\bar{x}^2] - \mu^2 \\
&= \mathbf{E}\left[\frac{1}{n^2}\left(\sum_{i=1}^n x_i^2 + \sum_{i\neq j}^n x_i x_j\right)\right] - \mu^2 \\
&= \frac{1}{n}\mathbf{E}[x^2] + \frac{n-1}{n}\mathbf{E}[x_i x_j]_{i\neq j} - \mu^2 \\
&= \frac{N-n}{N-1}\frac{\sigma^2}{n}
\end{aligned}$$

すなわち，個数 N の母集団から n 個の標本を抽出したとき，ばらつきが正規分布に従うとき，$\bar{x}$ の 68%の信頼区間（詳しくは第 3 章で解説する）にあるばらつきは

$$\bar{x} \pm \sqrt{\frac{N-n}{N-1}}\sigma/\sqrt{n} \tag{1.7}$$

で表される．N が n に対して十分大きいときは

$$\bar{x} \pm \sigma/\sqrt{n} \tag{1.8}$$

で近似される．$\sqrt{\frac{N-n}{N-1}}\sigma/\sqrt{n}$，$\sigma/\sqrt{n}$ は標準誤差であり，標本から得られる推定量の精度を表す指標である．n が非常に大きいほど標本の平均のばらつきは小さくなることがわかる（大数の弱法則，第 1 巻 定理 6.1）．すなわち，十分な大きさの標本を調べれば，母集団の性質をより正確に知ることができることを意味する．式 (1.7) と式 (1.8) の違いは，前者は N が標本数 n に対して十分に大きくないために，$\bar{x}$ が互いに独立でないこと（$\sum x_i x_j \neq 0$）に起因する．$\sqrt{\frac{N-n}{N-1}}$ を**有限修正項** (finite sampling correction) と呼ぶ．天文学では一般に N は非常に大きいので，式 (1.8) が用いられる．

式 (1.7) または式 (1.8) を用いて信頼区間を得るためには母集団の分散 σ^2 が既知でなければならない．しかし，一般に予め σ^2 が知られていることはほとん

どないので，代わりに観測データから不偏分散 u^2 を求めて，

$$\bar{x} \pm \sqrt{\frac{N-n}{N-1}} u/\sqrt{n},$$

または，

$$\bar{x} \pm u/\sqrt{n} \tag{1.9}$$

の式を用いる．σ は正規分布に従うが，u は t 分布（2.4.11 項）に従うことが知られているので，信頼区間の幅は σ の場合とは異なることに注意が必要である．

有限個データの母集団

ある星団や銀河団のような限定された天体に対して，母集団は有限個だとわかっていても，分光観測など，観測時間の制限のために一部の標本しか観測できないことがある．図 1.1 の星の明るさの分布を用いて，母集団が有限個数の場合，標本数をどの程度大きくしたら母集団の平均値に，より近くなるか実験してみよう．図 1.1 左図の母集団 4000 個の観測データを母集団として標本による推定値のばらつきを調べる．全データの平均値を μ とする．この母集団から 4000 個を抽出すれば，その平均値はパラメータ μ である．この母集団から標本を抽出し，標本個数が 4000 個に近づけば μ に近づくことが予想される．実際に標本の個数を変えて，平均値を何度も繰り返して求めてみる．図 1.7 は図 1.1 左図の母集団 4000 個の観測データから $n(n=1,2,\cdots,4000)$ 個の標本を抽出し

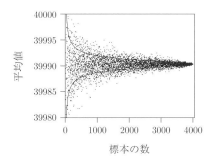

図 **1.7** 標本の数と平均値（点）のばらつき
実線は平均値の標準誤差（式 1.7）

て，平均値を多数回求めた結果である．横軸は n，点は得られた平均値を表す．標本数が小さいとき，求めた平均値のばらつきが大きく，標本数が大きくなるとばらつきが小さくなり，母集団の平均値 (399990) に近づいていくことがわかる．標本数が少ない場合でも標本の標準偏差はあまり変わらないが（表 1.3），このように標本数が大きくなると標準誤差は小さくなる．

無限個データの母集団

次に連続分布関数を持つ（N が無限の）母集団から標本を抽出してみよう．たとえば，天文学でもしばしば現れる指数分布（2.4.13 項）を取り上げる．指数分布は

$$f(x) = \begin{cases} \lambda \exp(-\lambda x), & x \geq 0, \\ 0, & x < 0, \end{cases}$$

と表される（図 1.8 左）．この平均値は $1/\lambda$，分散は $1/\lambda^2$ である．ここでは簡単化のために，$\lambda = 1$ とする．この確率密度分布に従う乱数を作り（2.5 節），それを標本として，平均値のばらつきが標本の数にどのように依存するかを調べる．ここでは標本に誤差はないものとする．

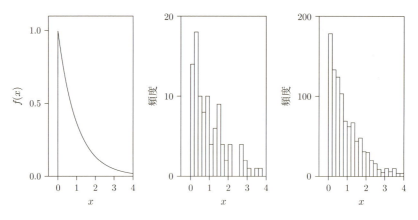

図 **1.8** 指数分布（左）と 100 個（中）と 1000 個（右）の標本の例

図 1.9 左図は標本数 n をしだいに大きくしたとき，標本平均のばらつきがど

のようになるかを求めた結果である．n が大きくなると，ばらつきが小さくなるのが読み取れる（図中の実線は式 1.8）．図 1.9 の中央図と右図は，$n = 100$ と $n = 1000$ の標本を 1000 組作って求めた平均値のばらつきを表したヒストグラムである．標本数が少ないとき，モデルの平均値 $\mu = 1$ に対してばらつきが大きいが，大きくなると母平均の近くに集中している．すなわち標本から母平均を推定するとき，平均値の信頼度は標本の数に大きく依存していることがわかる．なお，図中の実線は標本数で規格化した，平均 1，標準偏差 $\sqrt{1/n}$ の正規分布である．平均値のばらつきは正規分布で近似されることがわかる．

中心極限定理（第 1 巻 定理 6.7）によると，標本数 n が十分に大きいと，母集団の分布がどのようなものあっても σ が既知の場合，標本平均 $\bar{x}$ の分布は近似的に母集団の平均値 μ と分散 σ^2/n の正規分布に従う．すなわち，母集団の平均値 μ は標本から求めた平均値から 68% の確率で式 (1.8) の値の範囲にあることを言っている．また，95% の確率の範囲の場合は

$$\bar{x} \pm 1.96\sigma/\sqrt{n} \tag{1.10}$$

となる．しかし，標本数が少ないとき，あるいは母分散 σ^2 が知られておらず，代わりに標本分散 s^2 または u^2 を用いる場合は必ずしも正確ではないことに注

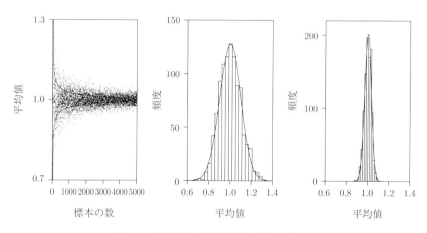

図 1.9 指数分布の標本平均のばらつき
実線は平均値の標準誤差（式 1.8）．

意が必要である．

　このように，推定値の誤差は $1/\sqrt{n}$ のオーダーでしか減少しない．すなわち推定値の正確さを 2 倍にするためには n を 4 倍，10 倍にするためには 100 倍の標本が必要である．天体の明るさのように，誤差がショットノイズによる場合，精度をよくするためには 4 倍，100 倍の露出時間が必要になることを意味する．推定の精度は標本数に対して非常に緩やかにしか改良されない．

1.3　2 変量データの記述

1.3.1　散布図

　2 つの変数 X, Y に関する 2 変数データを

$$(x_1, y_1), (x_2, y_2), \cdots, (x_n, y_n)$$

とする．観測値 (x_i, y_i) を 2 次元座標上に点で表示したものを**散布図** (scatter plot) と言う．散布図は表示の仕方によって印象が大きく変わる．図 1.10 は NASA のガリレオ木星探査機 (Galileo) が観測した地球の近赤外線スペクトルである．ここで横軸は波長，縦軸はスペクトルの強さである．図には地球大気の水蒸気による強い吸収が多数見られる．スペクトルの強さをそのままの値と対数（常用対数）をとった 2 つの場合を図示する．地球大気のスペクトルは波長によって 1 万倍の強さの違いがあるので，そのままの値（左図）では吸収の様子が明確でない波長もある．対数で表示した右図では吸収の様子がよく見てとれる．また，別の日に地球と太陽の偏角が変わったときの観測値を点線で示す．右図では吸収の比が波長によらずほぼ一定であることがわかり，左図では吸収の量が波長によって大きく変化する様子が見てとれる．このようにデータ解析の助けとするグラフの表記の仕方には注意が必要である．

　図 1.11 は銀河の質量と大きさ（半径）について，横軸と縦軸の変数の取り方を変えた 4 つの場合について示したものである．銀河の質量（ここでは銀河を構成する星の総質量）は太陽の質量を単位とすると，1000 万倍以下から 10^{12} 倍以上まで，データの幅は 10^7 倍以上の範囲に及ぶ．銀河の大きさを kpc（キロパーセク）で表すと，大きさは 2 kpc から 15 kpc までの 10 倍以下の範囲である．質量をそのまま散布図にしたのが図 1.11(a) と (b) である（図では太陽の 100 万

1.3 2変量データの記述　21

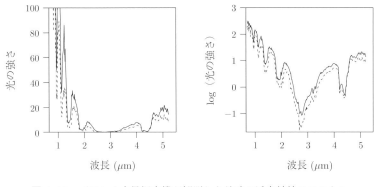

図 **1.10**　ガリレオ木星探査機が観測した地球の近赤外線スペクトル

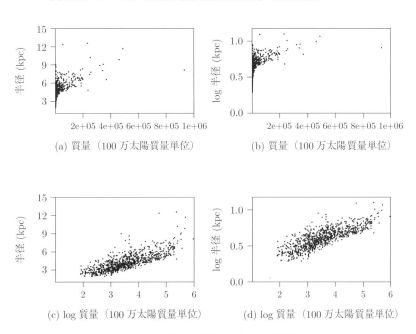

図 **1.11**　銀河の質量と大きさの散布図

倍の質量を単位としてある）．明らかに横軸方向の分布に明確な傾向は見てとれない．次章で解説する単回帰分析をこの図上で行った場合，質量の小さい銀河の寄与が非常に大きくなることが予想される．図 1.11(c) と (d) は横軸に質量の

対数をとって図示したものである．相関の傾向がはっきり見られ，また，単回帰分析においても，質量の大小にかかわらず，ほぼ均一に寄与することが期待できる．一方，大きさについて見ると，縦軸の大きさを対数で表した (b) と (d) のほうが大きくはずれている銀河が少ない印象を与える．

このように，変数をどのように扱うかによって相関の様子が大きく変わる可能性のあることがわかる．大きな値をもつ事象のなかで，小さな事象を際立たせるためには対数をとるのがよい．用いるデータと解析の目的によって，変数の表現の仕方はしっかり理解しておく必要がある．

1.3.2　相関係数

図 1.12 の左図は銀河の質量と半径を，右図は色と大きさを散布図にしたものである．銀河の質量は太陽質量を単位として常用対数で表す．銀河の色は 2 つのフィルターによる等級の差で定義される．質量の大きな銀河ほど半径が大きい傾向が見てとれる．このような変数間の関連性を一般に**相関** (correlation) と言う．その相関の強さは法則性を解明するために重要な手がかりとなる．一方，図 1.12（右）では，色の小さい（青い）銀河には質量の小さい銀河が多数あるものの，色と質量の強い相関は見られない．

2 変量の場合，変数ごとの標本平均値と標本分散は

$$\bar{x} = \frac{1}{n}\sum_{i=1}^{n} x_i, \quad \bar{y} = \frac{1}{n}\sum_{i=1}^{n} y_i$$

$$s_{xx} = \frac{1}{n}\sum_{i=1}^{n}(x_i - \bar{x})^2, \quad s_{yy} = \frac{1}{n}\sum_{i=1}^{n}(y_i - \bar{y})^2,$$

また**共分散** (covariance) は

$$s_{xy} = \frac{1}{n}\sum_{i=1}^{n}(x_i - \bar{x})(y_i - \bar{y}) = \frac{1}{n}\sum_{i=1}^{n} x_i y_i - \bar{x}\bar{y}$$

と表される．共分散は x の偏差 $x_i - \bar{x}$ と y の偏差 $y_i - \bar{y}$ を同時に考えたときの全データについての平均値である．2 変数の観測値 $(x_1, y_1), (x_2, y_2), \cdots, (x_n, y_n)$ の**相関係数** (correlation coefficient) r を

$$r = r_{xy} = \frac{s_{xy}}{\sqrt{s_{xx}}\sqrt{s_{yy}}} \tag{1.11}$$

で定義する．r_{xy} は $-1 \leq r_{xy} \leq 1$ を満たす．これは**ピアソン (Pearson) の相関係数**，またはピアソンの**積率相関係数** (product-moment correlation coefficient) と呼ばれ，相関係数といえば通常ピアソンの相関係数を指す．相関係数が正のとき，その2つの変数には正の相関があり，負のときは負の相関があると言う．図 1.12 ではどちらも正の相関があるが，質量と大きさの相関は強く，色と大きさの相関は弱い（表 1.4）．相関係数は相関の程度を表すことには便利な指標であるが，標本の数が少ないときなどは係数の値のみで判断の基準とすると誤解する恐れがあるので，散布図を書いて確かめることが重要である．

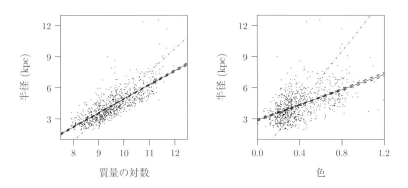

図 **1.12** 銀河の質量，色と大きさの散布図と線形回帰モデル

表 **1.4** 図 1.12 の線形解析モデル

説明変数	目的変数	a_0	s_a	b_0	s_b	σ	r
質量	半径	1.36	0.037	-8.63	0.36	0.90	0.780
半径	質量	2.23	0.06	-16.98	0.59	0.52	0.780
色	半径	3.69	0.20	2.87	0.090	1.21	0.535
半径	色	12.88	0.70	-0.77	0.26	0.18	0.535

1.3.3　ノンパラメトリックの順位相関係数

標本の順位から求める相関係数は**順位相関係数** (rank correlation coefficient) と呼ばれ，**スピアマン (Spearman) の順位相関係数**や**ケンドール (Kendall) の順位相関係数**などがある．順位相関係数はノンパラメトリック法による統計の指標である．2つの標本の集合を $\{x_1, x_2, \cdots, x_n\}$ と $\{y_1, y_2, \cdots, y_n\}$ とし，それ

ぞれの集合はある**順位**（ランク，rank）で並んでいるとする．分布関数は知られていなくてもよい．スピアマンの順位相関係数 ρ_s はピアソンの相関係数（式1.11）の確率変数を順位に変えた

$$\rho_s = \frac{\sum(R(x_i) - \bar{R}_x)(R(y_i) - \bar{R}_y)}{\sqrt{\sum(R(x_i) - \bar{R}_x)^2 \sum(R(y_i) - \bar{R}_y)^2}} \tag{1.12}$$

で定義される．$R(x_i), R(y_i)$ は標本の順位，$\bar{R}$ は中央の順位である．順位の差を $d_i = R(x_i) - R(y_i)$ と定義すると，式 (1.12) は同じ順位の標本がないとき，

$$\rho_s = 1 - \frac{6\sum d_i^2}{n^3 - n}$$

と変形され，順位差と密接に関係づけられる．

図 1.12（左）において，銀河の質量と半径を大きさの順に並べてスピアマンの順位相関係数を求めると 0.81 となる．すなわち質量の大きな銀河は半径も大きいという相関を示す結果となる．ちなみにピアソンの相関係数は 0.78 である（表 1.4）．ピアソンの相関係数は 2 つの変数間に線形の関係を想定しているので，変数間に非線形な関係などがある場合，相関を過小評価する．一方，順位相関係数は線形性を前提としないので，より正しい相関を与える．

ケンドールの順位相関係数 τ は，順位をもっと一般化して $R(x_i), R(y_i)$ のそれぞれから 2 個取り出した任意の組み合わせ $n(n-1)/2$ 通りについて，2 つの標本の順位が同順かそうでないかのみで定義する．すなわち τ は

$$\tau = \frac{P - Q}{n(n-1)/2}$$

で定義される．P と Q はそれぞれ両サンプルとも同順（大きいまたは小さい），異順（片方が大きく，もう片方は小さい）の組み合わせの数を表す．それぞれの集団に同順位があってもよい．図 1.12（左）のケンドールの相関係数は 0.61 である．スピアマンの順位相関係数とケンドールの相関係数は定義が異なるだけで，優劣はない．また計算方法が異なるので，相関係数の値は一般に一致しない．

1.3.4 線形回帰：直線への当てはめ

2 変量データ (x_i, y_i) を構成する 2 つの変数が相互依存の関係にあり，その関

連性を合理的に表す関数 $y = f(x)$ があれば,結果を予測することができる.変数のうち,予測の対象となる変数 y を**目的変数** (response variable), それを与えるための変数 x を**説明変数** (explanatory variable), あるいは**制御変数** (controlled variable) と言う. 図 1.12 においては,質量と半径の相関が強いので,銀河の質量から大きさが予測できる.このように,$y = f(x)$ となるような目的変数と説明変数の関係を与える合理的な関数を**回帰モデル** (regression model) と呼ぶ. **回帰分析** (regression analysis) は観測値から回帰モデルを作ることを目的とする.図 1.12 のように,1 つの説明変数 x によって 1 つの目的変数 y を予測する場合を**単回帰分析** (single regression analysis) と言う.

図 1.12 の回帰モデルを最も単純な 1 次関数の回帰方程式 (regression equation)

$$y = ax + b, \tag{1.13}$$

すなわち**回帰直線** (regression line) で求めてみよう. 2 変量データ (x_i, y_i) ($i = 1, 2, \cdots, n$) から 2 つの定数 a (回帰係数, regression coefficient, 本巻では勾配と表記) と b (切片) を合理的に決める最も一般的な方法に**最小 2 乗法** (least squares method) がある. 図 1.12 において,銀河の質量の対数,または色を説明変数 x とし,銀河の大きさを目的変数 y とする. 回帰モデルに式 (1.13) を想定して,図 1.13 のように,$x = x_i$ に対する観測値 y_i は偏差 ϵ_i をともなうものと考えると,

$$y_i = ax_i + b + \epsilon_i \tag{1.14}$$

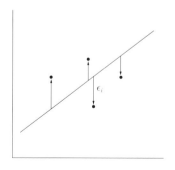

図 1.13 回帰モデルからの偏差 ϵ_i

と表すことができる．最小 2 乗法は偏差 ϵ の平方和

$$Q(a,b) = \sum_{i=1}^{n} \epsilon^2 = \sum_{i=1}^{n} (y_i - ax_i - b)^2$$

を最小にする勾配 a と切片 b を求めるものである．Q の最小値を求めるために，a, b に関する連立方程式（これを**正規方程式**，normal equations と言う），$\frac{\partial Q}{\partial a} = 0$，$\frac{\partial Q}{\partial b} = 0$ を解く．最小値 Q を与える a_0, b_0 は

$$a_0 = \frac{s_{xy}}{s_{xx}}, \quad b_0 = \bar{y} - a_0 \bar{x}$$

で表される．求めるべき回帰モデルは $y = a_0 x + b_0$ で，書き換えると，

$$y - \bar{y} = a_0 (x - \bar{x}),$$

と表される．この式から回帰直線とは両平均 $(\bar{x}, \bar{y})$ を通る傾き a_0 の直線であることがわかる．または

$$y - \bar{y} = \frac{s_{xy}}{s_{xx}} (x - \bar{x}),$$

となり，相関係数 $r = \frac{s_{xy}}{\sqrt{s_{xx}}\sqrt{s_{yy}}}$ を用いて，

$$y - \bar{y} = \frac{\sqrt{s_{yy}}}{\sqrt{s_{xx}}} r (x - \bar{x}),$$

となる．

y を説明変数，x を目的変数とするモデル $x = ay + b$ では，

$$x - \bar{x} = \frac{s_{xy}}{s_{yy}} (y - \bar{y}) = \frac{\sqrt{s_{xx}}}{\sqrt{s_{yy}}} r (y - \bar{y})$$

と表される．これらの結果を図 1.12 の実線と鎖線で示す．実線は x を説明変数，鎖線は y を説明変数とした場合である．この図を見ると，2 つのの回帰モデルはいずれも同じ平均値 $(\bar{x}, \bar{y})$ の点を通るが，勾配は一致しない．勾配の比は

$$\frac{\sqrt{s_{yy}}}{\sqrt{s_{xx}}} r \bigg/ \frac{\sqrt{s_{yy}}}{r\sqrt{s_{xx}}} = r^2 \leq 1$$

となり，$r \neq \pm 1$ のとき，x を説明変数とする回帰直線の勾配の絶対値は y を説明変数とする回帰直線の絶対値より小さい．また，相関が強く，r が ± 1 に近いほど，2 つの回帰直線の勾配は近くなる．

1.3.5 2 変量データのヒストグラム

一般に暗い天体や小さな天体は観測が困難であり，標本数も少ない場合が多い．個々の天体を同じ重みで回帰分析を行うと，標本数の多い階級に数に比例した重みがかかり，回帰分析は**バイアス**（bias，**偏り**）のある結果を与えることがある．限られた標本の場合には観測値に対しての重み付けを十分に考慮する必要がある．図 1.14 は図 1.12 左の銀河の質量の対数と大きさの周辺分布ヒストグラム（式 2.1，式 2.1）を加えた図である．また，図 1.15 に頻度を 3 次元図で示した．質量の小さな銀河は空間密度が大きいので，数が多いが観測も困難になるなど，ヒストグラム分布はさまざまな要因によって複雑な分布となる．

図 1.16 は銀河の星質量と星生成率の散布図の例である．**カーネル (kernel) 密度推定**（3.10.1 項）を用いて表した標本の密度分布を示す．等高線（左図）と濃度（右図）による表記法がある．左図には銀河の質量と星生成率の線形解析

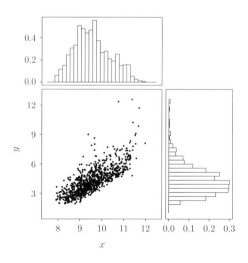

図 **1.14** 銀河の太陽質量を単位とする質量の対数 x と大きさ y(kpc) の周辺度数分布

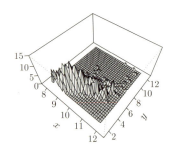

図 1.15 銀河の質量 x と大きさ y の 3 次元度数分布

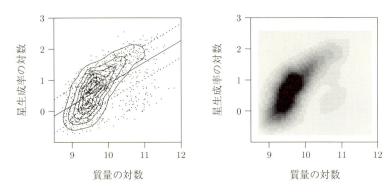

図 1.16 銀河の質量と星生成率の密度分布

の結果もあわせて表示した．この密度分布からも標本の分布の偏りを見ることができる．

回帰分析を行うときこれらの頻度図を参考にしながら標本値の分布を調べるとよい．特に一部の観測範囲に偏りがないように，観測値への重み付けを考慮する必要がある．

1.3.6 線形回帰：直線への当てはめへの精度

次に，勾配 a_0 と切片 b_0 の標準誤差を求める．ここでいくつか仮定をおく．
(1) ϵ_i は確率変数で，その平均は 0，分散は σ^2 とする．すなわち，

$$E[\epsilon_i] = 0, \quad V[\epsilon_1] = \sigma^2.$$

(2) ϵ_i と ϵ_j は $i \neq j$ のとき，無相関である．したがって，

$$E[y_i] = ax_i + b, \quad V[y_i] = \sigma^2$$

である．

関数
$$F = c_1 Y_1 + c_2 Y_2 + ... + c_n Y_n$$

の分散は，もし Y_i が互いに無相関で c_i が定数ならば，

$$V[F] = c_1^2 V[Y_1] + c_2^2 V[Y_2] + \ + c_n^2 V[Y_n]$$

であり，さらに $V[Y_i] = \sigma^2$ ならば，

$$V[F] = (c_1^2 + c_2^2 + ... c_n^2)\sigma^2 = \left(\sum c_i^2\right)\sigma^2$$

である．ここで，a_0 を

$$a_0 = \frac{\sum(x_i - \bar{x})(y_i - \bar{y})}{\sum(x_i - \bar{x})^2} = \frac{\sum(x_i - \bar{x})y_i}{\sum(x_i - \bar{x})^2}$$
$$= \frac{(x_1 - \bar{x})y_1 + ... + (x_n - \bar{x})y_n}{\sum(x_i - \bar{x})^2}$$

のように書き直す．この a_0 の式中，x_i は定数と見なすことができるので，

$$c_i = \frac{(x_i - \bar{x})}{\sum(x_i - \bar{x})^2}$$

とすると，a_0 の標準誤差 s_a は分散 $V[a_0]$ の平方根，すなわち

$$s_a = \sqrt{V[a_0]} = \sigma\sqrt{\frac{1}{\sum(x_i - \bar{x})^2}}$$

となる．

次に切片 b_0 の標準誤差 s_b を求めると，同様にして，

$$s_b = \sqrt{V[b_0]} = \sigma\sqrt{\frac{\sum x_i^2}{n\sum(x_i - \bar{x})^2}}$$

が得られる．

回帰方程式によって求められる推定値を $\hat{y}$ とすると，観測値 x_i に対する $\hat{y}$ は

$$\hat{y} = \bar{y} + a_0(x_i - \bar{x})$$

と表される．ここで，$\hat{y}$ の標準誤差 s_y を求める．x_i は説明変数で正しく設定できると仮定しているので，$\hat{y}$ は $\bar{y}$ と a_0 の誤差の影響を受ける．$\bar{y}$ と a_0 は無相関が証明されるので，x の特定値における y の予測された平均値 $\hat{y}_i$ の分散は，

$$\begin{aligned} V[\hat{y}_i] &= V[\bar{y}] + (x_i - \bar{x})^2 V[a_0] \\ &= \frac{\sigma^2}{n} + \frac{(x_i - \bar{x})^2 \sigma^2}{\sum (x_i - \bar{x})^2}, \end{aligned}$$

すなわち，$\hat{y}$ の標準誤差 s_y は，

$$s_y = \sigma \sqrt{\frac{1}{n} + \frac{(x_i - \bar{x})^2}{\sum (x_i - \bar{x})^2}}$$

と表される．これは，$x_i = \bar{x}$ のとき最小で，x_i が $\bar{x}$ から両方向に離れるにつれて大きくなり，x_i における回帰線からの誤差が大きくなる．別の言い方をすれば，$\bar{x}$ で最も高い精度で結果が予測でき，離れるほど予測値の精度が落ちることを意味する．図 1.12 の回帰分析の結果を表 1.4 に示す．また，s_y については図 1.12 の実線の場合について破線で範囲を示す（この例では回帰線からの誤差が大きくなる様子は小さいので，図からは少しわかりにくい）．

1.3.7 分散が異なる変数の線形回帰分析

これまで，各観測値の誤差の平均は 0 で分散は同じと仮定してきた．ここでは観測値ごとに異なる分散の場合を扱う．回帰モデルが 1 次式で表され，観測値 y ごとに分散が異なる場合，**カイ 2 乗メリット関数** (chi-square merit function)

$$\chi^2(a,b) = \sum_{i=1}^{n} \frac{(y_i - ax_i - b)^2}{\sigma_i^2} \tag{1.15}$$

を定義する．σ_i を目的変数 y_i の標準偏差とし，説明変数 x_i は正しく設定できるものとする．各観測値とモデルの偏差の平方に $1/\sigma_i^2$ の重みをつけ，分散が大きい（小さい）観測値には小さな（大きい）重みをかけて足し合わせる．ここでも同様に，式 (1.15) を最小にする a_0, b_0 を求める．

$$\frac{\partial \chi^2}{\partial a} = -2 \sum_{i=1}^{n} \frac{x_i(y_i - ax_i - b)}{\sigma_i^2} = 0 \tag{1.16}$$

$$\frac{\partial \chi^2}{\partial b} = -2 \sum_{i=1}^{n} \frac{y_i - ax_i - b}{\sigma_i^2} = 0 \tag{1.17}$$

ここで,簡単のため

$$S \equiv \sum_{i=1}^{n} \frac{1}{\sigma_i^2}, S_x \equiv \sum_{i=1}^{n} \frac{x_i}{\sigma_i^2}, S_y \equiv \sum_{i=1}^{n} \frac{y_i}{\sigma_i^2},$$

$$S_{xx} \equiv \sum_{i=1}^{n} \frac{x_i^2}{\sigma_i^2}, S_{xy} \equiv \sum_{i=1}^{n} \frac{x_i y_i}{\sigma_i^2}$$

を定義する.式 (1.16) と式 (1.17) に代入して,

$$aS_x + bS = S_y$$

$$aS_{xx} + bS_x = S_{xy}$$

を得る.$\Delta \equiv SS_{xx} - (S_x)^2$ として

$$a_0 = \frac{SS_{xy} - S_x S_y}{\Delta}, \quad b_0 = \frac{S_{xx} S_y - S_x S_{xy}}{\Delta}$$

を得る.さらに a_0, b_0 の標準誤差 σ_a, σ_b を求める.誤差の伝搬の式(3.4 節),

$$\sigma_f^2 = \sum_{i=1}^{n} \sigma_i^2 \left(\frac{\partial f}{\partial y_i} \right)^2 \tag{1.18}$$

を使い,a と b について偏微分をとると,

$$\frac{\partial a}{\partial y_i} = \frac{Sx_i - S_x}{\sigma_i^2 \Delta}, \quad \frac{\partial b}{\partial y_i} = \frac{S_{xx} - S_x x_i}{\sigma_i^2 \Delta}$$

となり,式 (1.18) で観測点について和をとると

$$\sigma_a = \sqrt{\frac{S}{\Delta}}, \quad \sigma_b = \sqrt{\frac{S_{xx}}{\Delta}}$$

となる.

　両方の変数に誤差がある場合はさらに複雑になる.$y_i - ax_i - b$ の分散は,

$$V[y_i - ax_i - b] = V[y_i] + a^2 V[x_i] = \sigma_{y_i}^2 + a^2 \sigma_{x_i}^2$$

となるので，カイ 2 乗メリット関数 は

$$\chi^2(a,b) = \sum_{i=1}^{n} \frac{(y_i - ax - b)^2}{\sigma_{y_i}^2 + a^2 \sigma_{x_i}^2} \tag{1.19}$$

と表される．ここで σ_{x_i} と σ_{y_i} は x_i と y_i の標準偏差である．次に式 (1.19) の最小値を与える a_0 と b_0 を求める．$1/w \equiv \sigma_{y_i}^2 + a^2 \sigma_{x_i}$ とすると，$\partial \chi^2 / \partial b$ は b に関して線形なので簡単に解けて，

$$b_0 = \frac{\sum w_i (y_i - ax_i)}{\sum w_i}$$

となる．$\partial \chi^2 / \partial a$ は a について非線形であり，簡単には求めることはできないので，計算機を用いて χ^2 が最小になる a_0 を探す．a_0 と b_0 の標準誤差はさらに複雑になるので，ここでは省略する．

1.3.8　非線形回帰分析

　これまで 2 変数データについて y の x に対する 1 次関数の回帰方程式で与えられる線形回帰モデルを求めたが，次に直線ではなく，2 次曲線や指数関数などによって回帰方程式を求めることを考える．たとえば，2 次式の場合，残差平方和 $S_{y,x}$ を

$$S_{y,x} = \sum_{i=1}^{n} (y_i - ax_i^2 - bx_i - c)^2$$

と定義すると，線形回帰と同様に，a, b, c に関し偏微分して，それぞれ 0 とおいた正規方程式

$$\sum_{i=1}^{n} y_i = a \sum_{i=1}^{n} x_i^2 + b \sum_{i=1}^{n} x_i + nc$$
$$\sum_{i=1}^{n} x_i y_i = a \sum_{i=1}^{n} x_i^3 + b \sum_{i=1}^{n} x_i^2 + c \sum_{i=1}^{n} x_i$$
$$\sum_{i=1}^{n} x_i^2 y_i = a \sum_{i=1}^{n} x_i^4 + b \sum_{i=1}^{n} x_i^3 + c \sum_{i=1}^{n} x_i^2$$

から求めることができ，3次関数以上の曲線への回帰についても同様に求めることができる．

1.3.9 相関比

相関係数 r_{xy}（式1.11）は x と y の間の1次の相関である．もし x に対する y の関係が前節のように非直線回帰の場合には，y の x に対する相関係数は r_{xy} を用いることはできない．このような場合には，残差の平方和を用いて次のように表す．回帰方程式によって求められる $\hat{y}$ と平均値 $\bar{y}$ からの変動を $S_{y,x}, S_y$ として

$$S_{y,x} = \sum_{i=1}^{n}(y_i - \hat{y})^2, \quad S_{yy} = \sum_{i=1}^{n}(y_i - \bar{y})^2$$

$$\eta_y^2 = \frac{S_{yy} - S_{y,x}}{S_{yy}} = 1 - \frac{S_{y,x}}{S_{yy}}$$

と η_y^2 を定義する．これは変数 y の変動 S_{yy} のうちで，回帰の結果生じる分の $(S_{yy} - S_{y,x})$ がどのくらいの割合を占めているかを示している．当然 $0 \leq \eta_y^2 \leq 1$ である．η_y^2 を**決定係数** (coefficient of determination) と呼ぶ．また，その正の平方根 η_y を**相関比** (correlation ratio) と言う．η_y^2 が1に近いほど，x の測定から回帰方程式を使った y の値を高い精度で決定できることを意味する．x と y との関係が単回帰の場合には，η_y^2 は r_{xy}^2 に一致する．決定係数はモデルの当てはまりの良さを測る基準として一般に用いられている．

1.4 重回帰分析

前節では1つの説明変数による回帰分析であったが，2つ以上の説明変数によって理解したほうがよい場合もある．いくつかの説明変数によって目的変数を説明する方法を**重回帰分析** (multiple regression analysis) と言う．2つの説明変数の例として，銀河の質量，銀河の星生成率，目的変数として銀河の金属量を考えてみよう．次に楕円銀河の速度分散，明るさ，表面輝度を例にとる．さらに複雑なモデルとして，銀河の成分分離を挙げる．

1.4.1 説明変数が 2 つの回帰分析

3つの変量 (x, y, z) に対し n 個のデータ $(x_1, y_1, z_1), (x_2, y_2, z_2), \cdots, (x_n, y_n, z_n)$ が得られたとすると，3次元の空間で散布図を描くことができる．このとき，x, y を 2 つの説明変数として，目的変数 z を説明する**回帰平面** (regression plane) の式を $z = ax + by + c$ とする．これを線形の重回帰式と言う．a, b は回帰係数である．観測値 z_i とその推定値 $z_i' = ax_i + by_i + c$ との差を誤差 ϵ_i とすると，最小 2 乗法の原理により，

$$f(a, b, c) = \sum_{i=1}^{n} \epsilon_i^2 = \sum_{i=1}^{n} (z_i - ax_i - by_i - c)^2$$

を最小にする a_0, b_0, c_0 を求めればよい．

すなわち，正規方程式

$$a \sum x_i^2 + b \sum y_i x_i + c \sum x_i = \sum x_i z_i,$$
$$a \sum x_i y_i + b \sum y_i^2 + c \sum y_i = \sum y_i z_i,$$
$$a \sum x_i + b \sum y_i + nc = \sum z_i$$

を解くことによって求めることができる．この 3 番目の式の両辺を標本数 n で割ると，$a\bar{x} + b\bar{y} + c = \bar{z}$ となる．これは単相関の場合と同じように，回帰平面が z の平均値 $\bar{z}$ を通ることがわかる．このことは推定された回帰平面が平均値 $(\bar{x}, \bar{y}, \bar{z})$ を通ることを意味する．そこで，計算の便宜上，原点を x_i, y_i, z_i のそれぞれの平均値 $\bar{x}, \bar{y}, \bar{z}$ に移動した $X_i = x_i - \bar{x}, Y_i = y_i - \bar{y}, Z_i = z_i - \bar{z}$ について考えると，$c = 0, \sum X_i = 0, \sum Y_i = 0, \sum Z_i = 0$ となり，連立方程式は

$$as_{xx} + bs_{xy} = s_{xz}$$
$$as_{xy} + bs_{yy} = s_{yz}$$

のように簡単になる．$s_{xx}, s_{yy}, s_{xy}, s_{xz}, s_{yz}$ はそれぞれ x と y の分散，x, y, z の共分散である．この方程式を解くと a_0, b_0 が求められる．

ここで例として，近傍銀河の質量 (x)，重金属量の指標 (z) を 2 つの説明変数とし，星生成率 (y) を目的変数とする [16]．図 1.17 は x と y，z と y での散布図

である．銀河質量は太陽質量を1として，常用対数で示す．星生成率は太陽質量に換算して，1年あたりどの程度の星が生成されるかを表し，常用対数を用いる．図1.17（左上）ではばらつきは大きいものの星質量と星生成率の間に強い相関が見られる．一方，金属量と星生成率の間の相関は非常に弱い．(x, y, z) を3次元の散布図で表したのが図1.17（左下）である．(x, y, z) はある平面の周囲に分布しているように見える．

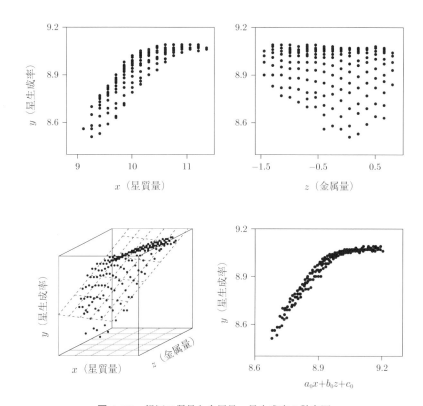

図1.17 銀河の質量と金属量，星生成率の散布図

そこで，目的変数 y を一番よく説明できる平面の式 $y = ax + bz + c$ の回帰係数と切片 (a_0, b_0, c_0) を求める．結果を図1.17（右下）に示す．横軸が $a_0 x + b_0 z + c_0$ である．各標本の横軸の値はこの式を用いて，各銀河の (x_i, z_i) から求めた．こ

の図を見ると，線形にはなっていないが，ばらつきが非常に小さくなり，相関が強くなっていることがわかる．ここで，$a_0 x + b_0 z + c_0$ の平面を**基準面** (fundamental plane, **FP**) と呼ぶ．そのほかに，基準面の例として，楕円銀河の性質の相関を表す，光度，表面輝度，速度分散の関係式などがある [4]．図 1.18 左図は銀河の速度分散と絶対等級の線形回帰分析である．回帰直線の相関係数は 0.50，観測値の分散は 0.99 である．図 1.18 右図のように絶対等級を速度分散と表面輝度の線形回帰分析で求めた場合，相関係数と分散はそれぞれ 0.75，0.49 となり，よりよい相関と小さな分散が得られる．

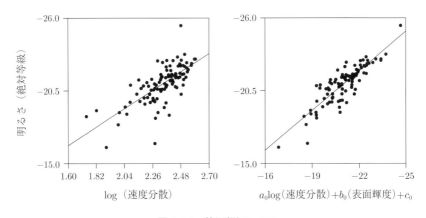

図 1.18 楕円銀河の FP

図 1.19 に楕円銀河の各変量間の散布図とカーネル密度推定（3.10.1 項）に基づく測定点の密度分布を行列の形で示す．回帰分析を行う際，各変量間の関係を見るには便利な図である．変量が p 個ある場合，2 変量ずつの関係は $p(p-1)/2$ 組ある．したがって，関係の個数も飛躍的に増大するのでどの関係が母集団の性質を表すのかを事前に検討しておく必要がある．このとき，図 1.19 のような散布図行列が役に立つ．

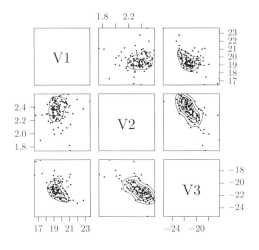

図 **1.19** 散布図行列

1.4.2 複雑な模型

(1) p 個の説明変数

次に独立した p 個の説明変数からなる p 次元データを取り扱う．説明変数が p 個の場合も 2 個の場合と同じである．線形回帰式を $y = a_0 + a_1 x_1 + a_2 x_2 + ... a_p x_p$ とする．すべての変数からそれぞれの平均を引いたものとすると $a_0 = 0$ となり，p 個の場合の重回帰式を求めるための正規方程式は 2 個の説明変数の場合と同様に，

$$s_{11}a_1 + s_{12}a_2 + \cdots + s_{1p}a_p = s_{1y}$$
$$s_{21}a_1 + s_{22}a_2 + \cdots + s_{2p}a_p = s_{2y}$$
$$\cdots\cdots\cdots$$
$$s_{p1}a_1 + s_{p2}a_2 + \cdots + s_{pp}a_p = s_{py}$$

が得られる．s_{ii} は x_i の分散，s_{ij} は x_i と x_j の共分散，s_{iy} は x_i と y の共分散である．この連立方程式を解くことにより回帰係数 a_i が得られるが，その解き方は別の参考書にゆずる．

(2) 高い次数での多項式模型

これまで1次式のモデルを見てきたが，独立1変数の2次，あるいは高次のモデルを考えることもできる．

$$y = a_0 + a_1 x + a_2 x^2 + \cdots + a_p x^p$$

あるいは

$$y = a_0 + a_1 x_1 + a_2 x_2 + a_3 x_1^2 + a_4 x_2^2 + a_5 x_1 x_2 + \cdots$$

などである．

(3) 整数べき以外の変数模型

先の例のように銀河の質量は星生成率は対数に変換してから回帰分析を行った．ここで回帰モデルに有用ないくつかの変換の例を述べる．

逆数変換

$$y = a_0 + a_1 \frac{1}{x_1} + a_2 \frac{1}{x_2} + \cdots$$

対数変換

$$y = a_0 + a_1 \log x_1 + a_2 \log x_2 + \cdots$$

平方根変換

$$y = a_0 + a_1 x_1^{1/2} + a_2 x_2^{1/2} + \cdots$$

あるいはこれらの組み合わせなどである．

いくつの説明変数とするか，どの変換を選ぶかは統計解析の目的に依存するので，その選択は解析する変数に対して十分な理解が必要である．また変数を変換することにより，回帰分析が簡単になる場合もある．

(4) 本質的に線形な模型と非線形模型

線形ではない回帰モデルには本質的線形模型と本質的非線形モデルに分けることができる．もし模型が本質的線形モデルであれば，適当な変数変換によって線形モデルで表すことが可能である．

指数モデル
$$y = e^{a_0 + a_1 x_1 + a_2 x_2}$$

この場合，両辺の対数を取り，

$$\log y = a_0 + a_1 x_1 + a_2 x_2$$

$Y = \log y$ とすれば線形回帰式となる．

逆数モデル
$$y = \frac{1}{a_0 + a_1 x_1 + a_2 x_2}$$

では両辺の逆数を取り，$Y = 1/y$ とする．

乗積モデル
$$y = c x_1^{a_1} x_2^{a_2}$$

では両辺の対数をとれば線形となる．

　モデルをこのように変換することができるときには，最小 2 乗法が適用できる．しかし元の変数や変換された変数が独立でない場合には最小 2 乗法が使えるとは限らない．また，ゼロや負の値を持つ変数の場合には変換できないときもある．さらに変数の分布関数が，変換によって自明ではなくなる恐れがある．このように，変数変換は必ずしも望ましい方法とは言えないので，データの性質や解析の目的を十分に考慮する必要がある．これらを避けるために，パラメータの推定値の近くでテイラー展開して線形化する方法や，次節のように計算機で直接計算する方法などもある．

1.4.3　カイ 2 乗メリット関数に基づく回帰分析

　複雑な例として，銀河の成分分離を考えてみよう．渦巻銀河は一般にバルジ部と円盤部で構成されている．この 2 つの成分は画像上で重なって記録されるので分離が難しい．天球上に投影された銀河の表面輝度分布は，銀河を正面から見たとき (face-on)，一般に**セルシック** (Sérsic) **分布**モデル

$$I(r) = I_0 \exp\left\{-\left(\frac{r}{r_e}\right)^{1/n}\right\}$$

で表される．r は銀河中心からの距離であり，軸対称であると考える．$n=4$ は 1/4 則，あるいはドゥ・ボークルール則 (de Vaucouleur's law) と呼ばれる分布モデルで，バルジ部分をよく表し，$n=1$ は指数分布で円盤部をよく表す．ここで，パラメータはバルジ部と円盤部それぞれの I_0, r_e, n である．そのほかに，銀河の傾きもパラメータであるが，円盤部は薄いと考え，円盤部を含む銀河の外側の軸比から回帰モデルによって傾きを予め求めておく．

図 1.20（左上）は **SDSS**（スローンディジタルスカイサーベイ，Sloan Digital Sky Survey）によって得られた銀河画像の例である．図 1.20（右）に銀河の長軸方向の観測値を示す．$r^2 = x^2 + y^2$ とし，銀河全体の観測値を使って，

$$I(r) = I_0^b \exp\left\{-\left(\frac{r}{r_e^b}\right)^{1/n}\right\} + I_0^d \exp\left(-\frac{r}{r_e^d}\right)$$

をモデル分布としたときのもっともらしいパラメータセット $\{I_0, r_e, n\}$ をバルジ部（右辺 1 項目，n はパラメータ）と円盤部（右辺 2 項目，n は 1 に固定）を求めよう．$F(x_i, y_j)$ を銀河画像の各画素の値，$1/\sigma_{i,j}^2$ を各画素のノイズに基づく重みとして，カイ 2 乗メリット関数は

$$\chi^2 = \sum_{i=1}^{m}\sum_{j=1}^{n} \frac{(F(x_i, y_j) - I(r))^2}{\sigma_{i,j}^2} \tag{1.20}$$

と表される．パラメータが 5 つあるので，カイ 2 乗が最も小さな値になるパラメータを，計算機を用いて試行錯誤で求める作業が必要となる[8]．

こうして求めた結果を図 1.20（右）に示す．破線がバルジ部，点線が円盤部のモデルである．それらを合わせたモデルを実線で示す．横線は背景光の強さである．背景の光より暗い所でもある程度よく再現している．

図 1.20（左下）は元の銀河からモデル銀河を引いた残差である．残差を調べることも重要である．このように回帰モデルからの差を図に表すことにより，モデルのもっともらしさを視覚的に確認でき，またモデルに当てはまらない特徴的な銀河の成分を見つけることも可能となる．しかし，計算機による試行錯誤を始める初期値によっては極小値を与えるが，最小値ではない場合もある．い

---

[8] 銀河進化の研究のために，銀河の構成成分を分離する解析方法がたくさん開発されている．ここでは著者らの Lemberg–Marquardt(LM) 法による [22]．

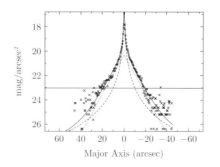

図 1.20　銀河の 2 成分分離

くつもの初期値を用いて，それぞれについて極小値を求め，最小値を探す作業も必要となる．どの程度，よく合っているかはモデルの検定が必要である（3.5節）．ただし，式 (1.20) のカイ 2 乗メリット関数がカイ 2 乗分布（2.4.9 項）に従うかどうかは自明ではないので注意が必要である．

―――――― コラム（天文学の巨大デジカメ）――――――
　大望遠鏡は宇宙からやってくる微弱な信号をとらえる．倍率が大きいので天体の細かな構造を見るのが得意だ．だが，その分，観測できる視野が小さくなる．宇宙は広い．狭い視野での観測が宇宙全体を代表しているとは限らない．統計上の信頼性が高く，より普遍的な現象や法則の理解をするためには広い天域で観測しなければならない．そのために天文研究者は大きなデジカメを作ってきた．今では市販のデジカメでも数千万画素のカメラが簡単に手に入るが，1990 年代初め，東京大学の岡村定矩氏と国立天文台の関口真木氏（当時）らが 4000 万画素の巨大なデジカメを開発した．30 万画素のデジカメがやっと市販された頃である．その後，すばる望遠鏡による広視野の天体観測の重要性が認識され，8000 万画素のカメラを経て，現在，約 8 億画素の巨大デジカメが活躍している．画像データを使って，銀河や星などの天体を探し出し，統計解析を行う．しかし，とてつもなく画素数が多いので，データの量は膨大だ．計算機が非常に速くなったとは言え，データのほうがはるかに速い勢いで増えていく．世界の天文台でも巨大なデジカメを使って観測している．データはアーカイブされ，公開されているものもある．画像データには様々な天体情報が含まれている．世界の研究者が悪戦苦闘して，ノイズの中に埋もれた新しい情報を探し出す努力をしている．

2

確率変数と確率分布

データの統計的な性質を得ようとするとき，パラメトリック法では母集団の性質が特定の分布に従っているとし，ノンパラメトリック法ではそのような分布関数を前提にしない．また確率分布モデルは星の初期質量関数や銀河の光度関数のように経験に基づいて得られたものや，偶然誤差のようにガウス分布モデル，ケプラーの法則を用いた軌道要素などのように理論に基づくモデルなどもある．この章では確率変数と確率密度関数の定義と天文学で使われる代表的な分布モデルについて学ぶ．

2.1 確率変数と確率密度関数

ある変数 X があり，その値がある確率によって実現するとき，その変数を**確率変数** (random variable) と呼び，実現された個々の値を**実現値**と言う．測定量は1つの確率変数であり，測定値は確率変数の実現値である．確率変数の取り得る値とその確率の一覧を確率変数 X の**確率分布関数** (probability distribution function) または単に**分布関数** (distribution function) と言う．確率変数とその分布関数は後の章で具体的に示すように，統計的推測においては基本となるものである．

ここで $P(X = x)$ を確率変数 X がある特定の値 x をとる確率とする．X がある範囲で連続変数のとき，X の取り得る標本点はいくらでも多くとることができる．そのため，各 X の標本点の確率は $P(X = x) = 0$ となる（第1巻，第

3 章). したがって, $P(X = x)$ をもって測定値 X の実現値の出やすさを表すことができない. そこで, 確率変数 X に対して,

$$F(x) = P(X \leq x)$$

で定義される X の分布関数 $F(x)$ を定義する. 右辺は X が x 以下の値をとる確率を意味する. $F(x)$ は $x_1 < x_2$ の値に対して, $F(x_1) \leq F(x_2)$ である. 関数の不連続点における $F(x)$ の値は関数の取り扱いの便宜上, 右から連続, すなわち $F(x+0) = F(x)$ とする.

X が連続型の確率変数の場合, 分布関数 $F(x)$ は x に対して微分可能な場合が多い. このとき, 導関数 $f(x)$ を確率変数 X の**確率密度関数** (probability density function) または単に**密度関数** (density function) と言う. すべての x に対して $f(x) \geq 0$ であり, $f(x)$ は

$$F(x) = \int_{-\infty}^{x} f(x')dx'$$

で表される. または

$$\frac{dF(x)}{dx} = f(x)$$

である.

変数 X のすべての実現値 a に対して $P(x = a) = 0$ なので, X の実現値ごとに確率を捉えることができない. そこで, ある範囲に値をとる確率

$$P(a < X < b) = \int_{a}^{b} f(x)dx,$$

を定義する. X が**連続型確率変数**の場合は上式の左辺は $P(x = a) = P(x = b) = 0$ なので, $P(a \leq X \leq b)$ と書いても同じである.

分布関数の性質 $\lim_{x \to -\infty} F(x) = 0$ と $\lim_{x \to +\infty} F(x) = 1$ から密度関数 $f(x)$ は,

$$\int_{-\infty}^{+\infty} f(x)dx = 1, \quad f(x) \geq 0,$$

を満たすことがわかる.

次に X が離散的な場合を定義する. 離散型の確率密度関数を $f(u)$ とすると,

分布関数 $F(x)$ は

$$F(x) = \sum_{u \leq x} f(u)$$

であり，和は x 以下の整数個の u の和である．ただし x は整数とは限らない．$F(x)$ は整数点 k で右からは連続であるが，左からは不連続になり，k における増加分が $f(k)$ である．サイコロの目などのように確率変数 X が $X = \{x_1, x_2, \cdots, x_n\}$ の有限個の集合として，これらに $p_1, p_2, \cdots, p_n$ なる正の値が対応して，$\sum p_i = 1$ であるとき，

$$F(x) = \sum_{i \leq x} p_i \quad (i = 1, 2, \cdots, n)$$

が成り立つならば，その分布関数 $F(x)$ は**離散分布** (discrete distribution) であると言い，離散分布を定める確率変数 X のことを**離散型確率変数** (discrete random variable) と言う．

$$P(X = x_i) = p_i, \quad P(X \neq x_i) = 0$$

で定義される関数を**確率関数** (probability function) と言う．このとき，$F(x)$ は点 x_i において p_i の高さだけジャンプする階段関数 (step function) である．定義した各点について，正しく作られたサイコロの目のように，n 個の要素が同じ p をもつときは $p_i = 1/n$ である．

2.2　確率変数の平均値と分散

1.2.4 節と 1.2.6 節では確率密度関数によらない離散的な観測データの統計量を定義した．本節では前節と重複する部分もあるが，確率密度関数に基づく統計量を再定義する．

連続型確率変数 (continuous random variable) X に対して，その分布の平均値をもって，X の平均値または期待値と言い，$\mathbf{E}[X]$ と書くと，

$$\mathbf{E}[X] = \int_{-\infty}^{+\infty} x f(x) dx$$

と定義される．$\mathbf{E}[X]$ は $<X>$，あるいは $\bar{X}$ とも表される．また X の分散は，$\mu = \mathbf{E}[X]$ として，

$$\mathbf{V}[X] = \int_{-\infty}^{+\infty} (x-\mu)^2 f(x)dx$$

で定義される．分散 $\sigma^2 = \mathbf{V}[X]$ の正の平方根 σ を標準偏差と言う．また，確率変数 X に対して，$\mathbf{E}[X^2] = \sigma^2 + \mu^2$ が成り立つ．

ほかに次のような統計量がある．k を正の整数として，

$$\mathbf{E}[X^k] = \int_{-\infty}^{+\infty} x^k f(x)dx$$

を k 次モーメント（または k 次**積率**）と言う．$k = 3, 4$ のとき，それぞれ歪度と尖度を表す．平均値 $\mathbf{E}[X]$ との差のモーメント

$$\mathbf{E}[(X-\mathbf{E}[X])^k] = \int_{-\infty}^{+\infty} (x-\mathbf{E}[X])^k f(x)dx$$

は，平均値のまわりの k 次の中心モーメントと言う．

離散型分布の場合も同様に定義される．平均値は

$$\mathbf{E}[X] = \mu = \sum_{i=1}^{n} x_i p_i$$

である．k 次のモーメントは

$$\mathbf{E}[X^k] = \sum_{i=1}^{n} x_i^k p_i$$

と表される．平均値のまわりのモーメントは

$$\mathbf{E}[(X-\mathbf{E}[X])^k] = \sum_{i=1}^{n} (x_i - \mu)^k p_i$$

となる．分散は

$$\mathbf{V}[X] = \sigma^2 = \sum_{i=1}^{n} (x_i - \mu)^2 p_i$$

である．

ここで，偶然誤差の和の分散を導いておく．$x_i (i = 1, 2, \cdots, n)$ を n 個の実現値とすると，

$$\mathbf{E}\left[\sum_{i=1}^{n} x_i\right] = \sum_{i=1}^{n} \mathbf{E}[x_i]$$

また x_i の和 $\sum x_i$ の分散は

$$\mathbf{V}\left[\sum_{i=1}^{n} x_i\right] = \sum_{i=1}^{n} \mathbf{V}[x_i] + \sum_{i=1}^{n}\sum_{\substack{j=1 \\ i \neq j}}^{n} Cov(x_i, x_j)$$

$$Cov(x_i, x_j) = \mathbf{E}[(x_i - \mathbf{E}[x_i])(x_j - \mathbf{E}[x_j])]$$

と表される．ここで Cov は共分散を表す．x_i と x_j が独立なときは $Cov(x_i, x_j) = 0$ であり，和の分散はそれぞれの分散の和となる．

x_i が互いに独立で，x_i が同じ分散 σ^2 をもつとき（これを**等分散**と言う），平均値 $\bar{x} = (1/n)\sum x_i$ の分散は

$$\mathbf{V}[\bar{x}] = \frac{1}{n}\sum_{i=1}^{n} \mathbf{V}[x_i] = \frac{\sigma^2}{n}$$

となる．同じ対象を同じ条件で繰り返し測定した場合は一般に測定は互いに独立で同一の分布に従う．しかし，たとえば，銀河の赤方偏移や系外惑星のトランジット観測などの同じ測定を行う場合も，望遠鏡が異なる，天気の条件が違うなど，観測の条件はしばしば異なる．この場合，互いに独立であっても同じ分散になるとは限らない．これを**不等分散**と言い，上記の x_i が同じ分散をもたない場合などを言う．統計解析を行う場合，等分散や不等分散を十分に考慮しなければならない．

平均絶対偏差 (MAD) は

$$\mathrm{MAD} = \int_{-\infty}^{+\infty} |x - d| f(x) dx$$

で定義される．MAD の最小値は d が中央値のときである．離散型分布の場合は式 (1.5) で表される．

分布が比較的対称なとき，**半値全幅** (Full Width at Half Maximum, **FWHM**)，すなわち，最大値の半分の値をもつ分布の全幅として定義する（図 2.1）．また，その半分を**半値半幅** (Half Widht at Half Maximum, **HWHM**) と言う．正規分

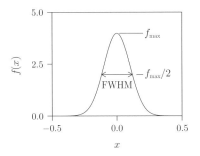

図 **2.1** 半値全幅 (FWHM)

布の場合，FWHM と標準偏差 σ の間には，FWHM $= 2.35\sigma$ の関係がある．分布が離散型の場合はガウス分布などの連続関数で近似して定義する．

2.3 多変数の場合

前節では分布関数が 1 変数の場合を考えた．次に 2 変数 X, Y の場合を考える．多変数の場合も 2 変数と同様に導くことができる．連続型の分布では確率密度関数を $f(x, y)$，分布関数を F(x,y) とすると，

$$F(x, y) = \int_{-\infty}^{y} \int_{-\infty}^{x} f(x', y') dx' dy'$$

$$1 = \int_{-\infty}^{+\infty} \int_{-\infty}^{+\infty} f(x', y') dx' dy'$$

である．$X = x, Y = y$ で $f(x, y)$ が連続ならば

$$\frac{\partial^2 F(x, y)}{\partial x \partial y} = f(x, y)$$

となる．

離散型分布は，点の集合 (x_i, y_j) の各点に $p_{ij} \geq 0, \sum \sum p_{ij} = 1$ なる正の数が対応して，

$$F(x, y) = \sum_{i \leq x} \sum_{j \leq y} p_{ij}$$

となる場合である．(x_i, y_j) の格子点については

$$P(X = x_i, Y = y_i) = p_{ij}$$

であり，それ以外の点では $P = 0$ である．

次に周辺分布 (marginal distribution) を定義する．変数 Y に制限をつけずに $X < x$ である確率は

$$F(x, +\infty) = P(X \leq x, Y \leq \infty)$$

となり，これを X の周辺分布と言う．Y の周辺分布も同様にして $F(+\infty, y)$ と表される．これは，連続型分布では，

$$F(x, +\infty) = \int_{-\infty}^{+\infty} \int_{-\infty}^{x} f(x', y') dx' dy'$$

$$F(+\infty, y) = \int_{-\infty}^{y} \int_{-\infty}^{+\infty} f(x', y') dx' dy'$$

離散型分布では，

$$F(x, +\infty) = \sum_{j} p_{ij}, \quad F(+\infty, y) = \sum_{i} p_{ij} \tag{2.1}$$

となる．両確率変数 X, Y が統計的に独立な場合は

$$f(x, y) = f(x) f(y)$$

であり，X, Y の同時分布が X の分布と Y の分布との関数に分解されることを意味する．

2 変数の場合のモーメントは

$$\mathbf{E}[X^i, Y^j] = \int\int x^i y^j f(x, y) dx dy$$

で定義される．X と Y の平均値をそれぞれ μ_x, μ_y として，平均値のまわりのモーメントは

$$\mathbf{E}[(X - \mu_x)^i (Y - \mu_y)^j] = \int\int (x - \mu_x)^i (y - \mu_y)^j f(x, y) dx dy$$

となる. X と Y の分布の分散 σ_x^2 と σ_y^2 は $(i,j) = (2,0), (0,2)$ の場合であり, 共分散 σ_{xy} は $(1,1)$ のときである.

2.4 確率分布関数

連続型分布には, 一様分布, 指数分布, 正規分布（ガウス分布）, 2 次元正規分布, 対数正規分布, カイ 2 乗分布, t 分布, F 分布などあり, 離散型分布には二項分布, 多項分布, ポアソン分布などがある. ここでは天文学でしばしば現れる分布関数の例を挙げる.

2.4.1 一様分布

一様分布 (uniform distribution) は a, b を定数として,

$$f(x) = \begin{cases} \dfrac{1}{b-a}, & a \leq x \leq b \\ 0, & x < a, x > b \end{cases}$$

で表される. 平均値と分散はそれぞれ $\mu = (a+b)/2, \sigma^2 = (b-a)^2/12$ である. 図 2.2 に $(a,b) = -1, 1$ の例を示す.

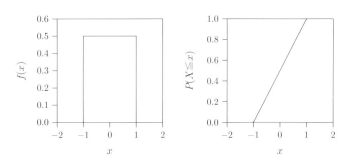

図 **2.2** 一様分布

2.4.2 正規分布（ガウス分布）

μ を定数, σ を正の定数とするとき,

$$f(x) = \frac{1}{\sqrt{2\pi}\sigma} \exp\left\{-\frac{(x-\mu)^2}{2\sigma^2}\right\}$$

で表される確率密度分布を**正規分布** (normal distribution) または**ガウス分布** (Gaussian distribution) と言い (図 2.3 左), $N(\mu, \sigma^2)$ で表す. この密度関数の平均値は μ, 分散は σ^2 である. 特に, $\mu = 0$, $\sigma^2 = 1$ の場合 $N(0, 1)$ を標準正規分布 (standard normal distribution) と言う. 分布関数 $P(X \leq x)$ を図 2.3 右に示す. 図では $(\mu, \sigma) = (0, 0.1), (-1, 0.5), (0, 1)$ の場合を示している.

一般に, 同じ型の分布をもつ独立な確率変数の和の分布が再び同じ型になるとき, その分布は**再生性** (reproductive property) をもつと言う. 正規分布は再生性の性質をもつ. すなわち, X, Y をそれぞれ正規分布 $N(\mu_1, \sigma_1^2), N(\mu_2, \sigma_2^2)$ に従う独立な確率変数とすると, $X + Y$ は $N(\mu_1 + \mu_2, \sigma_1^2 + \sigma_2^2)$ に従う (第 1 巻定理 5.25). 再生性をもつことにより, n_X, n_Y をそれぞれ X, Y の標本数とすると, 確率変数の平均値の差と標準偏差は

$$\mu_1 - \mu_2 = \bar{X} - \bar{Y} \pm \sqrt{\sigma_1^2/n_X + \sigma_2^2/n_Y}$$

で表される (詳しくは第 3 章). 再生性をもつ確率分布として, ほかに, 二項分布, ポアソン分布, カイ 2 乗分布などがある.

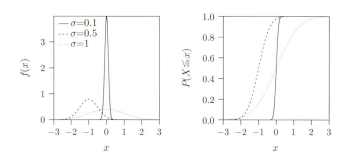

図 2.3 正規分布 (ガウス分布)

あるスペクトル型の星やある種の形態の銀河の絶対等級 (M) を近似的に正規分布で表すことがある. 絶対等級の平均値を M_0, 分散を σ とすると,

$$\phi(M) = \frac{1}{\sqrt{2\pi}\sigma} \exp\left\{-\frac{(M - M_0)^2}{2\sigma^2}\right\}$$

と近似される．星の見かけの等級 m，スペクトル型から求めた絶対等級，距離指数 $m - M_0 = 5\log(r/10)$ を用いて星までの距離 r を，さらに，星の空間密度を求めることができる．一般に，天体はある立体角の中で観測するので，図2.4のように，遠方ほど大きな空間から標本を得ることになる．見かけの等級には測定誤差があり，絶対等級はばらつきをもつ．そのため，観測される天体の平均の絶対等級に偏り（バイアス）が生じる．これをマルムクィストバイアス (Malmquist bias) [15] と言う．バイアスは天体の空間分布に依存し，見かけの等級分布が $f(m) = Ce^{\beta m}$ で表されるとき（一様分布の場合は $\beta = 0.6$），平均の絶対等級 $\bar{M}_m$ は近似的に

$$\bar{M}_m = M_0 - \beta\sigma^2$$

で表され，分散に比例するバイアスをもつ．

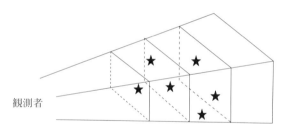

図 2.4　観測天域と空間分布

2.4.3　多変量正規分布

2 変量（2 次元）正規分布は，2 つの確率変数を X と Y，相関係数を $\rho = Cov[X,Y]/\sqrt{V[X]}\sqrt{V[Y]}$ とすると，

$$\begin{aligned}f(x,y) = &\frac{1}{2\pi\sigma_x\sigma_y\sqrt{1-\rho^2}} \\ &\times \exp\left[-\frac{1}{2(1-\rho^2)}\left\{\frac{(x-\mu_x)^2}{\sigma_x^2} - 2\rho\frac{(x-\mu_x)(y-\mu_y)}{\sigma_x\sigma_y} + \frac{(y-\mu_y)^2}{\sigma_y^2}\right\}\right]\end{aligned}$$

と表される同時確率密度関数 (joint probability density function) である．なお，

x の周辺分布は平均 μ_x, 分散 σ_x^2 の正規分布, y の周辺分布は平均 μ_y, 分散 σ_y^2 の正規分布である. $a<x<b$ かつ $c<y<d$ となる確率は

$$P(a<x<b, c<y<d) = \int_a^b \int_c^d f(x,y)dxdy$$

である. $f(x,y) \geq 0$ は明らかであり, 計算式は省略するが, 密度関数 $f(x)$ は, $\int_{-\infty}^{+\infty} f(x,y)dxdy = 1$ を満たす.

X と Y が互いに独立で $\rho = 0$ のときは,

$$\begin{aligned} f(x,y) &= \frac{1}{\sqrt{2\pi}\sigma_x} \exp\left\{-\frac{(x-\mu_x)^2}{2\sigma_x^2}\right\} \times \frac{1}{\sqrt{2\pi}\sigma_y} \exp\left\{-\frac{(y-\mu_y)^2}{2\sigma_y^2}\right\} \\ &= f_x(x)f_y(y) \end{aligned}$$

となり, X と Y それぞれの正規分布の積となる. 図 2.5 に X と Y が独立の場合とそうでない場合 ($\rho = 0.8$) の例を示す.

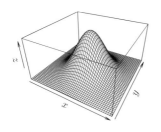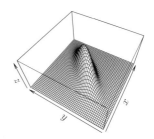

図 2.5 2 変量正規分布
(左) x と y に相関がないとき. (右) 相関があるとき.

一般に多変量正規分布 (multivariate normal distribution) は以下の式で表される. n 個の確率変数 $\{X_1, X_2, \cdots, X_n\}$ を n 次元ベクトル $\boldsymbol{x}$ の成分とすると,

$$f(x_1, x_2, \cdots, x_n) = \frac{1}{\sqrt{2\pi}^n \sqrt{|\Sigma|}} \exp\left\{-\frac{1}{2}(\mathbf{x}-\mu)^T \Sigma^{-1}(\mathbf{x}-\mu)\right\}$$

と表される. ここで $\mu = [\mu_1 \mu_2 \cdots \mu_n]$ は各確率変数の周辺分布の平均値をベクトルで表したものである. Σ は**分散共分散行列**で

$$\Sigma = \begin{bmatrix} \sigma_{11} & \cdots & \sigma_{1n} \\ \vdots & \ddots & \vdots \\ \sigma_{n1} & \cdots & \sigma_{nn} \end{bmatrix}$$

と与えられる.

2.4.4 対数正規分布

μ を定数, σ を正の定数とするとき, 正の密度変数 x に関して,

$$f(x) = \begin{cases} \dfrac{1}{\sqrt{2\pi}\sigma} \exp\left\{-\dfrac{(\ln x - \mu)^2}{2\sigma^2}\right\}, & x > 0 \\ 0, & x \leq 0 \end{cases}$$

で表される確率密度分布を**対数正規分布** (lognormal distribution) と言う(図 2.6 左). 平均値は $e^{\mu+\sigma^2/2}$, 分散は $(e^{\sigma^2}-1)e^{2\mu+\sigma^2}$ である. 分布関数 $P(X \leq x)$ を右図に示す. 図では $(\mu, \sigma) = (1, 0.1), (1, 0.5), (1, 5)$ の場合を示している. 星の初期質量関数では, $\sim 0.5 M_\odot$ より低質量の星の数が対数正規分布でよく近似されると言われている.

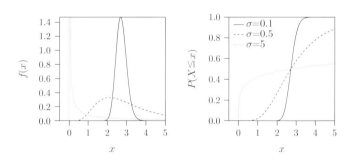

図 **2.6** 対数正規分布

2.4.5 ベルヌーイ分布

X を確率変数とし

$$f(1) = p, \quad f(0) = 1 - p \tag{2.2}$$

のように，確率 p で 1 を，確率 $1-p$ で 0 となる離散型確率分布を**ベルヌーイ分布** (Bernouilli distribtuion) と呼ぶ．また，X を成功確率 p のベルヌーイ型確率変数であると言い，p は $0 \leq p \leq 1$ を満たす定数である．ベルヌーイ分布の平均値と分散は $\mu = p, \sigma^2 = p(1-p)$ である．また，ベルヌーイ型確率変数の列 $\{X_1, X_2, \cdots\}$ が独立であるとき，その列を成功確率 p の**ベルヌーイ試行列** (Bernoulli trials) と呼ぶ．すなわち，独立で同じ確率密度分布の確率変数列 $\{X_1, X_2, \cdots\}$ で，式 (2.2) を満たすものを言う．

たとえば，表の出る確率が p であるようなコインを続けて投げるとき，i 回目の試行で，表が出れば 1，裏が出たら 0 を対応させる確率変数を X_i とすると，確率変数列 $\{X_1, X_2, \cdots\}$ は成功確率 p のベルヌーイ試行列である．ベルヌーイ分布はベイズ統計学でしばしば用いられる．本巻では 5.2 節で応用例を紹介する．

2.4.6 二項分布

天体が暗いために時間的にぽつぽつと観測される光子や，CCD に当たって観測の妨げになる宇宙線などの個数の分布は**二項分布** (binomial distribution) で表される．ただし数が多い場合には，6.2 節で解説するように，十分によい近似でポアソン分布で表すことができる．二項分布は n, p を定数として，離散変数 $k = \{0, 1, \cdots, n\}$ を用いて

$$f(k) = B(n, p) \equiv \binom{n}{k} p^k (1-p)^{n-k}$$

で表される．ここで $\binom{n}{k} = n!/k!(n-k)!$ は n 個から k 個を選ぶ組み合わせの数，すなわち二項係数 (binomial coefficient) である．この二項分布の平均は np，分散は $\sigma^2 = np(1-p)$ である．二項分布を $B(n,p)$ と略記する．たとえば，光子の計測の場合，光子が検出される確率が p のとき，n 回の試行で，k 個の光子が検出される確率を表す（詳しくは 6.2 節）．ただし n が大きいときは計算がたいへんなので，ポアソン分布やガウス分布で近似することが多い．

図 2.7 は $B(10, 0.1)$，$B(50, 0.1)$，$B(100, 0.1)$ の各試行回数での当たりの確率である．二項分布は離散分布なので見やすくするために線で結んである．二項分布は $p = 0.5$ のとき，あるいは n が十分に大きいときに左右対称な密度分布

となる．n と $\sqrt{np}$ が大きいときは，$\mu = np, \sigma^2 = np(1-p)$ の正規分布で近似できる．p が 0.5 から大きく離れ，n が少ない場合には左右対称とならないので注意が必要である．

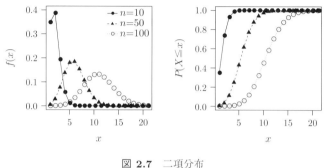

図 **2.7** 二項分布

2.4.7 ポアソン分布

定数 $\lambda > 0$ に対して，自然数を値とする離散変数を k とするとき，確率密度分布

$$f(k) = \frac{\lambda^k e^{-\lambda}}{k!} \tag{2.3}$$

を**ポアソン分布** (Poisson distribution) と言う（図 2.8 左）．この分布の平均値は λ，分散は λ である．分布関数 $P(X \leq x)$ を右図に示す．図では $\lambda = 1, 5, 10$ の場合を示している．ポアソン分布は離散分布なので見やすくするために線で結んである．λ が非常に大きい場合には，ポアソン分布は $\mu = \lambda, \sigma^2 = \lambda$ の正規分布で近似できる．実際，図 2.8 左では λ が大きくなるにつれて対称性がよくなるのがわかる．

ポアソン分布は時間的，あるいは空間的にぽつぽつと現れる点の単位領域あたりの個数の分布として現れる．代表的な現象に光子イベントがある（6.2 節）．年間あたりに発生する超新星の件数が一定のとき，私たちの住む銀河系の近傍で起こっている超新星爆発が発見される確率はほぼポアソン分布に従うことが知られている．図 2.9 は 1948 年から 2010 年の間に近傍の銀河内で発見された

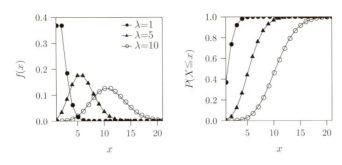

図 **2.8** ポアソン分布

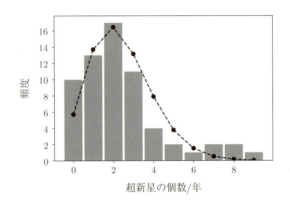

図 **2.9** 1948 年から 2010 年に近傍の宇宙で 1 年間に発見された超新星の個数の頻度 平均値 2.4 個のポアソン分布を重ねてある．

超新星の 148 個の個数分布である．ポアソン分布でよく近似できることがわかる（詳しい解析は付録 B を参照）．

確率変数 X, Y がそれぞれパラメータ λ_1, λ_2 のポアソン分布に従い，独立であるとき，$X + Y$ はパラメータ $\lambda_1 + \lambda_2$ のポアソン分布に従う（ポアソン分布の再生性．証明は第 1 巻定理 5.12）．このようにポアソン分布に従う変数の和の分布は平均 $\sum \lambda_i$，分散 $\sum \lambda_i$ のポアソン分布になる．この性質から，天体画像で天体からの光子に加えて，背景光，ダークなどの合計として記録される光子数（または電子数）はそれぞれの λ の和をもつポアソン分布となる．また空間的に分離できない重なった天体からの混合信号も再生性によってポアソン分布

で表される.

一方，$X - Y$（天体画像の差など）の分布はポアソン分布とはならず，**スケラム分布** (Skellam distribution)

$$f(k) = e^{-(\lambda_1 + \lambda_2)} \left(\frac{\lambda_1}{\lambda_2}\right) I_k(2\sqrt{\lambda_1 \lambda_2})$$

で表される．ここで $I_k(x)$ は第一種の修正ベッセル関数 (modified Bessel function of the first kind). 平均値と分散はそれぞれ，$\lambda_1 - \lambda_2$, $\lambda_1 + \lambda_2$ である．特別な場合として，$\lambda = \lambda_1 = \lambda_2$ で λ が大きいとき ($\lambda > 10$), 差の分布は

$$f(k) \sim \frac{e^{-k^2/4\lambda}}{\sqrt{4\pi\lambda}}$$

の正規分布で近似できる [26]. また，単位時間あたりの光子数や増幅された CCD の出力値 (DU, digita lunit) などもポアソン分布には従わない．光子や超新星のように個数で観測されるデータがポアソン分布であっても，それに何らかの演算をほどこすとポアソン分布にならないことがあるので注意が必要である.

2.4.8　ベータ分布

$\alpha > 0, \beta > 0$ として定義される関数

$$f(x) = \begin{cases} \dfrac{1}{B_e(\alpha, \beta)} x^{\alpha-1}(1-x)^{\beta-1}, & 0 \leq x \leq 1, \\ 0, & x < 0, x > 1 \end{cases}$$

は密度関数である．これを形状を規定する**形状母数** (shape parameter)(α, β) の**ベータ分布** (beta distribution) と言う．ここで $B_e(\alpha, \beta)$ は

$$B_e(\alpha, \beta) = \int_0^1 x^{\alpha-1}(1-x)^{\beta-1} dx$$

で定義されるベータ関数 (beta function) である．ベータ分布はベイズ統計学でしばしば用いられる確率密度関数である（第 5 章）．平均値と分散はそれぞれ

$$\mu = \frac{\alpha}{\alpha + \beta}, \quad \sigma^2 = \frac{\alpha\beta}{(\alpha + \beta + 1)(\alpha + \beta)^2}$$

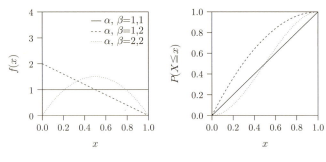

図 2.10 ベータ分布

となる．図 2.10 に例として $(\alpha, \beta) = (1,1), (1,2), (2,2)$ の場合を示す．α と β によって分布の形状が大きく変わることがわかる．なお (1,1) は一様分布である．

2.4.9 カイ 2 乗分布

自由度 n の**カイ 2 乗分布** (χ^2-distribution) は，

$$f_n(x) = \begin{cases} \dfrac{1}{2^{n/2}\Gamma\left(\dfrac{n}{2}\right)} x^{n/2-1} e^{-x/2}, & x \geq 0, \\ 0, & x < 0 \end{cases} \tag{2.4}$$

と表される．ここで，Γ は

$$\Gamma(\alpha) = \int_0^\infty x^{\alpha-1} e^{-x} dx$$

のガンマ関数 (gamma function) である．図 2.11 に $n = 1, 3, 5$ の場合の分布関数を示す．自由度 n のカイ 2 乗分布の平均値と分散はそれぞれ n，$2n$ となる．

確率変数 Z が標準正規分布 $N(0,1)$ に従うとき，Z^2 は自由度 1 のカイ 2 乗分布に従う．また，確率変数列 $Z_1, Z_2, ..., Z_n$ がいずれも $N(0,1)$ に従い，かつ独立であれば，その和 $Z_1^2 + Z_2^2 + ... + Z_n^2$ は自由度 n のカイ 2 乗分布に従う．すなわち，確率密度変数 X がガウス分布 $N(\mu, \sigma^2)$ に従うとき，X を規準化（標準化，normalization）した $Z = \dfrac{X-m}{\sigma}$ は $N(0,1)$ に従うので，$\sum Z_i^2 = \sum \dfrac{(X_i - \mu)^2}{\sigma^2}$ はカイ 2 乗分布に従う．カイ 2 乗分布を用いて，正規分布またはそれに近い分布をする母集団の推定分散値の検定を行うことができる．

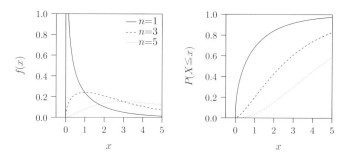

図 **2.11** カイ 2 乗分布

2.4.10　F 分布

$m, n = 1, 2, \cdots$ に対して

$$f(x) = \begin{cases} \dfrac{1}{B_e\left(\dfrac{m}{2}, \dfrac{n}{2}\right)} \left(\dfrac{m}{n}\right)^{m/2} x^{n/2-1} \left(1 + \dfrac{m}{n}x\right)^{-(m+n)/2}, & x > 0, \\ 0, & x \leq 0 \end{cases}$$

を，自由度 (m, n) の F 分布 (F-distribution) と言い，F_n^m と書く．ここで $B_e\left(\dfrac{m}{2}, \dfrac{n}{2}\right)$ は形状母数 $\left(\dfrac{m}{2}, \dfrac{n}{2}\right)$ のベータ関数である．いくつかの (m, n) の組み合わせの F 分布を図 2.12 に示す．2 つの確率変数 χ_1^2, χ_2^2 があり，これらが互いに独立で，それぞれ自由度 m, n のカイ 2 乗分布に従うとき，

$$F = \frac{\chi_1^2/m}{\chi_2^2/n}$$

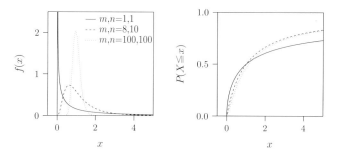

図 **2.12**　F 分布

は 1 つの確率変数であり，F 分布に従う．F 分布を用いた検定の例を 3.9 節に示す．

2.4.11 t 分布

自然数 $\phi = 1, 2, \cdots$ に対して

$$f_\phi(t) = \frac{1}{\sqrt{\phi} B_e\left(\dfrac{\phi}{2}, \dfrac{1}{2}\right)} \left(1 + \frac{t^2}{\phi}\right)^{-\frac{\phi+1}{2}}$$

で表される確率密度分布を自由度 ϕ の **t 分布** (t-distribution)，または**スチューデントの t 分布** (Student's t-distribution) と言う．標本平均 $\bar{x}$，母集団の平均 μ，標本数 n とするとき，$t = \dfrac{\bar{x} - \mu}{s/\sqrt{n}}$ は自由度 $n-1$ の t 分布に従う．t 分布を用いると，正規分布に従う母集団の推定平均値の検定を行うことができる．母集団の標準偏差 σ が未知の場合，標本の標準偏差 $s = \sqrt{\dfrac{1}{n}\sum(x_i - \bar{x})^2}$ で代用する．このとき，t 分布を用いて信頼区間の推定を行う．t 分布のグラフの形（図 2.13）は正規分布に似ているが，$t = \dfrac{\bar{X} - \mu}{s/\sqrt{n}}$ の分母の s の誤差のため，標準正規分布 $N(0, 1)$ が $x = \pm 3$ ほどでほぼ 0 に急激に減少するのに比べてすそ野が厚い．実用上，自由度 $n \geq 30$ の t 分布は $N(0, 1)$ で代用してよい．

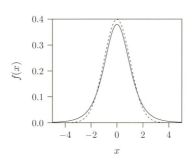

図 2.13 自由度 5 の t 分布（実線）点線は標準正規分布．

2.4.12 べき分布

確率密度が大きな変化を示す分布はしばしばべき乗則 $f(x) \propto x^\alpha$ で表される．

これをべき分布 (power-law distribution) と言う．α はスケーリング指数 (scaling index) と呼ばれる．低輝度銀河の光度関数，初期質量関数，銀河の表面輝度分布など多くの現象が経験的にべき分布で表され，α を高い精度で求める研究が行われてきた．ただし，それらの性質がなぜべき分布で表されるのか，物理的な理解ができていないものが多い．また一般に x の範囲も限定される．たとえば，宇宙線のエネルギーは 10^{15} eV 付近で α が変わり，銀河の光度関数は $M^* \sim 20$ より明るい銀河はべき関数からずれる．

例として初期質量関数を挙げる．サルピーター (Salpeter) によると恒星が集団で形成されるときの恒星の単位質量あたりの密度分布は，$\mathcal{M}$ を太陽質量を単位とする恒星の質量として

$$f(\mathcal{M}) = \begin{cases} C\mathcal{M}^{-2.35}, & 0.1 \leq \mathcal{M} \leq 100, \\ 0, & \mathcal{M} < 0.1, \mathcal{M} > 100 \end{cases}$$

と表される．質量には上限と下限がある（ここでは下限を 0.1, 上限を 100 とする）．C は規格化定数である．図 2.14 左は各質量の星に対する空間密度，右図は累積の個数（実線）と累積の質量（点線）である．左図から星の数は星の質量とともに急激に減少する．太陽と同じ質量の星の数は 0.1 倍の太陽質量の星の 200 分の 1 程度であることがわかる．一方，累積分布からは太陽質量の星より質量の小さな星の数は全体の 90%以上にあるのに対し，質量の合計は 60%ほどである．

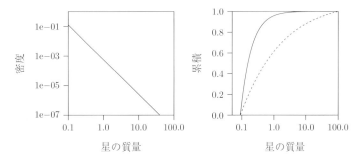

図 **2.14** 星の初期質量関数

2.4.13 指数分布

$\lambda > 0$ とするとき,

$$f(x) = \begin{cases} \lambda e^{-\lambda x}, & x \geq 0, \\ 0, & x < 0, \end{cases}$$

を**指数分布** (exponential ddistribution) と言う（図 2.15 左）．この平均値は $1/\lambda$, 分散は $1/\lambda^2$ である．$-\infty$ から ∞ まで積分すると 1 になることは明らかである．分布関数 $P(X \leq x)$ は $1 - e^{-\lambda x}$ である（右図）．図 2.15 に $\lambda = 0.5, 1, 2$ の場合を示す．

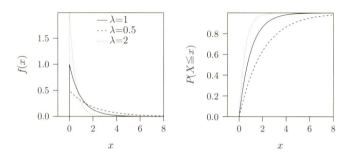

図 **2.15** 指数分布

2.4.14 ガンマ分布

ガンマ分布 (gamma distribution) は指数分布とべき分布の合成分布関数であり，形状母数 $\alpha(\alpha > 0)$, **尺度母数** (scale parameter) $\tau(\tau > 0)$ を用いて,

$$f(x) = \begin{cases} \dfrac{1}{\Gamma(\alpha)\tau^\alpha} x^{\alpha-1} e^{x/\tau}, & x > 0 \\ 0, & x \leq 0 \end{cases}$$

と表される．ここで,

$$\Gamma(\alpha) = \int_0^\infty x^{\alpha-1} e^{-x} dx, \quad \alpha > 0$$

である．代表例として銀河の光度関数を表すシェヒター関数 (Schechter function)

がある．シェヒター関数は光度が小さい銀河の個数密度分布はべき関数で，光度の大きな銀河の密度は指数関数で近似する．$\phi(L)$ を単位体積あたり，光度 L と $L+dL$ の間にある銀河の数とすると，銀河の光度関数は

$$\phi(L)dL = \phi^*(L/L^*)^{-\alpha}\exp(-L/L^*)/d(L/L^*)$$

と表される．ここで ϕ^*, L^*, α に典型的な値を代入して求めた分布 $\phi(L)$ を図 2.16 左に示す．右図は累積の個数 $\int \phi(L)dL$ と累積の光度 $\int L\phi(L)dL$ を表す分布関数である．累積分布の最大値は 1 としてある．左図から銀河の数は銀河の光度とともに急激に減少することがわかる．累積分布からは銀河系の光度 (2×10^{10}) より小さな銀河の数は全体の 90%以上にあるのに対し，光度の合計は 10^9 付近から急激に増え，銀河系光度では 70%ほどとなる．この分布の様子は特に α の大きさによって大きく変化し，α が大きいと暗い銀河の個数の割合が非常に大きくなる．

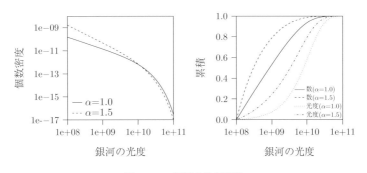

図 **2.16** 銀河の光度関数

2.5 確率密度分布に基づく乱数の発生

理論や経験から推定される確率分布モデルがあるとき，観測値とモデルが似たものになっているかを確かめる方法として，分布モデルに基づく**乱数** (random numbers) を発生させて比較することがある[1]．多くの統計解析パッケージには

---

[1] 真の乱数と区別するために，コンピュータで作る乱数を**疑似乱数**と呼ぶことがあるが，ここでは疑似乱数を単に乱数と呼ぶ．

一様分布モデルをはじめ，さまざまな確率密度分布に基づく乱数の発生関数が用意されている．以下，確率密度分布に基づいて乱数を作る主な方法を解説する．

2.5.1 逆関数法による乱数の発生

累積分布関数 $F(x)$ は確率密度関数を $f(t)$ とすると，

$$F(x) = \int_{-\infty}^{x} f(t)dt$$

であり，0 から 1 の間で定義される単調増加関数である．したがって，$F(x)$ の値に対して対応する x の値が 1 つに決まるので，$F(x)$ は**逆関数** (inverse function) をもつ．これを $F^{-1}(x)$ と表す．累積分布関数の逆関数は確率密度分布の**分位関数** (quantile function) とも呼ばれる．

ある確率密度関数に従う分布関数のランダムなサンプルを n 個作ることを考えよう．0 と 1 の間に一様な乱数を n 個作り[2)]，それらを $t = \{t_1, t_2, \cdots, t_n\}$ とする．これらの t に対して，逆関数 $F^{-1}(t_1), F^{-1}(t_2), \cdots, F^{-1}(t_n)$ の値は元の確率密度分布からのランダムなサンプルとなる（図 2.17）．

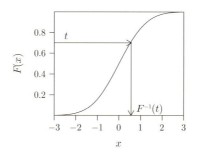

図 **2.17** 逆関数による乱数の発生

図 2.18 に確率密度関数が指数分布の場合を示す．指数分布 $f(x) = \lambda e^{-\lambda x}$ の累積分布関数は $y(x) = P(X \leq x) = 1 - e^{-\lambda x}$ なので，分位関数は

[2)] 一様分布に基づく乱数（**一様乱数**）の発生には，小さな計算機でも負担の少ない**線形合同法**や，もっと精度の高いさまざまな方法が開発されているがここでは省略する．

$$x(y) = -1/\lambda \ln(1-y)$$

となる．y に一様分布に従う 0 から 1 の乱数を入れると，指数分布に従う乱数が得られる（図 2.18）．なお，$1-y$ は y と同じく，区間 (0,1) で一様分布に従うので

$$x(y) = -1/\lambda \ln y$$

としても同じである．このように逆関数の解析解が既知の場合には簡単に乱数を発生させることができるが，解析的に分位関数が得られない場合は一般に多項式近似を用いる．

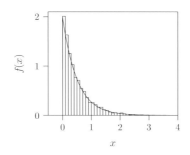

図 **2.18** 指数分布の逆関数による乱数の発生

2.5.2 正規分布に基づく乱数の発生

正規分布は基本的で重要な確率分布なのでそれに従う乱数の発生にはさまざまな方法が提案されている．ここではボックス・ミュラー法（Box-Muller's method，または**極座標法**と呼ばれる）を解説する．正規分布 $N(\mu, \sigma^2)$ に従う乱数 Z は標準正規分布 $N(0,1)$ に従う乱数 X があれば，$Z = \mu + \sigma X$ の変数変換によって求めることができるので，ここでは $N(0,1)$ に従う乱数の発生を考えよう．

いま確率分布 $p(x)$ が与えられたとき，x によって表される新たな変数 $y(x)$ が従う確率分布を $p(y)$ とすると，

$$|p(y)dy| = |p(x)dx|$$

または,
$$p(y) = p(x)\left|\frac{dx}{dy}\right|$$
が成り立つ．このことから $p(x)$ によって生成された乱数 x を $y(x)$ に変換することで $p(y)$ に従う乱数を生成できる．前節の指数関数では一様乱数 x を $-\ln x$ と変換することで得られた．

標準正規分布の確率分布関数は $p(x) = 1/\sqrt{2\pi}\exp(-x^2/2)$ である．ここで独立に標準正規分布に従う 2 つの変数 X, Y を考える．この同時確率分布 $f(x, y)$ は $x \leq X \leq x + dx, y \leq Y \leq y + dy$ において

$$\begin{aligned}f(x,y)dxdy &= \frac{1}{\sqrt{2\pi}}e^{-x^2/2}\frac{1}{\sqrt{2\pi}}e^{-y^2/2}dxdy \\ &= \frac{1}{2\pi}e^{-(x^2+y^2)/2}dxdy\end{aligned}$$

と表される．ここで直交座標系 (x, y) から極座標系 (r, θ) への変換を考える．$x = r\cos\theta, y = r\sin\theta$ とすると,

$$f(r,\theta)rdrd\theta = \frac{1}{2\pi}e^{-r^2/2}rdrd\theta$$

となる．ここで, $s = r^2, ds = 2rdr$ とすると,

$$f(r,\theta)rdrd\theta = \frac{1}{2\pi}d\theta \cdot \frac{1}{2}e^{-s/2}ds$$

と表される．$\frac{1}{2\pi}$ は区間 $(0, 2\pi)$ の一様分布, $\frac{1}{2}e^{-s/2}$ は平均値 2 の指数分布の密度関数である．このことから, Θ, R^2 をこれらの一様分布と指数分布に従う互いに独立な確率変数とすると,

$$X = R\cos\Theta, \quad Y = R\sin\Theta$$

は互いに独立な標準正規分布をすることになる．したがって, 2 つの一様乱数 x_1, x_2 から

$$y_1 = \sqrt{-2\ln x_1} \cdot \cos(2\pi x_2), \quad y_2 = \sqrt{-2\ln x_1} \cdot \sin(2\pi x_2)$$

で表される 2 つの乱数 y_1, y_2 は互いに独立に標準正規分布に従う．

2.5.3 棄却法による乱数の発生

解析的に逆関数を求めることのできる分布関数は少ない．逆関数を求めることが困難な複雑な分布モデルの場合，**棄却法**を用いるとモデルに基づく乱数を求めることができる．図 2.19 左で，乱数を求めたい確率密度分布 $y(x)$ とする．$f(x)$ は逆関数法によって乱数を求めることができる確率密度関数とし，$F(x)$ を $f(x)$ の逆関数とする．確率分布が定義される x の全範囲で $c \times f(x) > p(x)$ となる定数 c を定義する．定数をかけ算すれば，$p(x)$ がどのような確率密度分布であってもこのような関数を作ることができる．$f(x)$ は一様分布であってもよいが，$c \times f(x)$ は $p(x)$ との差が小さいほど収束が速い．

棄却法による乱数発生は以下の手順をとる．

1. $[0, 1]$ の範囲から一様乱数 a を発生する．
2. 逆関数法によって，$a = F(x_0)$ となる x_0 を求める．
3. 再度，$[0, 1]$ の一様乱数 b を発生する．
4. $b \times c \times f(x_0) \leq y(x_0)$ ならば，x_0 を乱数とする．もしそうでなければ，1. に戻る．

例として 2 つの正規分布の重ね合わせの分布モデルから乱数を発生してみよう．図 2.19 右は分布モデルと，棄却法によって発生した乱数のヒストグラムである．ここでは参照とする密度関数には一様分布を用いた．このように棄却法を用いると複雑な分布モデルでも簡単に乱数を発生することができる．

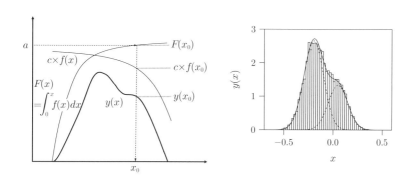

図 **2.19** 棄却法による乱数の発生

3

推定と検定

　天文学での観測・測定データは一般に，ある母集団から抽出された無作為標本と見なすことができる．統計的推論では母集団のモデルを仮定し，そのパラメータ（母数）の値を推定する．そのとき，現実の標本データが母集団からの標本と見なせるかどうか，仮定したモデルが正しいかどうかを判定する必要がある．また統計的推測の作業は単に統計学の手続きを踏んでいればよいというものではなく，確率分布モデルの選定，パラメータの種類や数，データに含まれる偶然誤差や系統誤差の正しい理解など，統計解析の前に検討すべきことが多くあることを十分に考慮しなければならない．

　最初はどのモデルが事実を最もよく説明しているかわからないのがふつうである．測定精度の向上，サンプル数の増加によっても，モデルの再検討が必要なときもある．実際に行う作業は1回で終わるものではなく，既存のデータに基づき仮説を立て，必要ならばさらにデータを増やし，検証する．このように逐次的に推定と検定を繰り返し，よりよいモデルとそれを記述するパラメータの信頼性を高めていく作業が必要である．

　結果を予測して，あるいは主観的な判断によって測定データに手を加えたり，不都合なデータを削除してはならない．元のデータを尊重すべきである．異常値はその理由があるはずであり，多くの新しい発見は予測とは異なる，あるいは平均とははずれた所にあるからである．測定データに紛れ込むさまざまな誤差の理解に加えて，統計手法の正しい理解に基づく結果の解釈が必要である．また統計方法ではモデルが正しい，あるいは間違いを結論できるのではなく，モ

デルがどの程度の確率で正しいのか，正しくないのかを与えるものである．

3.1 点推定の基準

　天文のある現象がパラメータ $\theta = \theta_i (i = 1, 2, \cdots, k)$ を含み，変数 X の関数 $f(\theta; X)$ のモデルで表されるとする．母集団から大きさ n の標本を抽出して，観測値 $x_i (i = 1, 2, \cdots, n)$ が得られたとき，$f(\theta; x_1, x_2, \cdots, x_n)$ を用いて，θ の推定値を求める方法を**点推定** (point estimation) と言う．たとえば母平均の推定量である標本平均（式1.1）は標本 $\{x_1, x_2, \cdots, x_n\}$ を関数とする点推定である．母集団の性質から予め関数の形がわかっているパラメトリックの場合，たとえば，第1章の線形回帰分析の係数の推定，第2章の正規分布の平均値 μ と標準偏差 σ，指数関数では λ のパラメータを推定する．

　点推定には母集団の性質を表す似たような代表値，たとえば平均値，中央値，最頻値のように異なる定義のものがあり，またそれを求める方法にはモーメント法，最小2乗法，最小カイ2乗法，最尤法などさまざまな方法がある．どの定義，どの方法を選択するかは，目的によって異なり，それぞれ母集団を最もよく代表するものを選ぶ必要がある．点推定で求めた母集団の推定量が母集団を代表するパラメータとしてどのような意味で優れているか，あるいは，たとえば平均値と中央値のどの推定値がより優れているかを吟味する必要がある．一般に，ある統計量をよい推定量として使用するための基準として，**不偏性** (unbiasedness)，**一致性** (consistency)，**漸近正規性** (asymptotic normality)，**有効性** (efficiency) などが使われる．これらの推定量が満たすべき性質についての詳しい解説は第1巻7章に述べられているのでここでは簡単に解説する．

　統計的**偏り**（バイアス）

$$B(\hat{\theta}) = \mathbf{E}[\hat{\theta}] - \theta$$

を定義する．$\hat{\theta}$ は関数 $f(\theta; X)$ で得られる θ の推定値である．$\hat{\theta}$ は θ の推定量なので，その分布は母数のまわりに散布していることが期待される（図3.1）．$B(\hat{\theta}) = 0$ すなわち，$\mathbf{E}[\hat{\theta}] = \theta$ が成り立つとき，推定値の平均値が母集団のパラメータに等しく，偏りがないので $\hat{\theta}$ は θ の**不偏推定量** (unbiased estimator) である．1.2.6項で解説したように，標本平均はパラメータ μ の不偏推定量であり，

式 (1.6) で表す分散 u^2 は σ^2 の不偏推定量である[1].

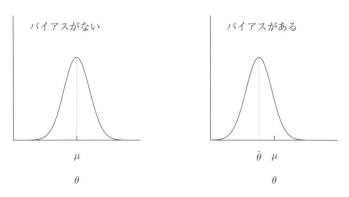

図 3.1 推定量のバイアス

母集団から抽出された標本について，パラメータの推定値 $\hat{\theta}$ を与えたとき，n を十分大きくすると $\hat{\theta}$ が真の値 θ_0 に確率収束するならば，すなわち任意の ϵ に対して，

$$\lim_{n \to \infty} P(|\hat{\theta} - \theta_0| \geq \epsilon) = 0$$

のように，推定値 $\hat{\theta}$ が θ に確率収束するとき，$\hat{\theta}$ を θ の**一致推定量** (consistent estimator) と言う．大数の法則を使うと，標本平均は母平均の，標本分散と不偏分散は母分散の一致推定量であることがわかる．不偏性と一致性は，よい推定値と見なす性質である．

正確な標本分布が知られていないときでも中心極限定理 (第 1 巻 6.2 節) によって，標本数が十分大きいとき，漸近分布は正規分布であることが多い．漸近分布が正規分布となる推定量を漸近正規推定量 (asymptotically normal estimator) と言う．中心極限定理によれば，標本平均 $\bar{x}$ の漸近分布は母集団の分布に関係なく正規分布となるので，$\bar{x}$ は漸近正規推定量である．

T, T' をパラメータ θ の不偏推定量とする．それらの分散が $\mathbf{V}[T] \leq \mathbf{V}[T']$,

---

[1] ただし，u は σ の不偏推定量ではない．また $s^2 = \dfrac{1}{n}\sum(x_i - \bar{x})$ は偏りのある推定量である．

すなわち

$$\mathbf{E}[(T-\theta)^2] \leq \mathbf{E}[(T'-\theta)^2]$$

を満たすとき，T は T' よりも有効であると言う．同じ不偏推定量であっても，分散が小さい推定量 T のほうが真の値 θ に近い値を取りやすいことからこの有効性が判断基準として使われる．たとえば，加重平均は母平均の不偏推定量であるが，そのなかで等加重を与える場合に最も有効性が高い．中央値も母平均の不偏推定量であるが，分散は標本平均よりも大きいので，標本平均のほうが有効性が高いと言える．ただし標本平均は母平均の推定量としては優れているが，大きなはずれ値があるときは中央値のほうがロバスト (robust)（3.10.3 項）なので，中央値の有用性も高い．

3.2　区間推定

1 回の標本調査によって n 個の観測値 $x_i (i = 1, 2, \cdots, n)$ から推定値 $\hat{\theta}$ が 1 個得られる．前節の基準を満たす点推定によるこの推定値は母集団のパラメータに近いと期待できる．推定値がどのくらいパラメータに近いかを確率的に評価する手法が**区間推定** (interval estimation) である．パラメータが連続変数のとき，T となる確率は 0 となり意味をなさない（第 2 章）．このため，区間推定は

$$P(a < \hat{\theta} < b) = \int_a^b f(x)dx = 1 - \alpha$$

で，$\hat{\theta}$ がある範囲内 $[a, b]$ にある確率を用いて行う．ここで α は**誤り確率** (error probability)（または**危険率**，failure rate）を表す．$1 - \alpha$ は**信頼係数** (confidence coefficient)，$[a, b]$ を**信頼区間** (confidence interval)，信頼区間の端点 a, b は**信頼限界** (confidence limit) と呼ぶ．区間推定ではパラメータ θ が「この区間に含まれる」との主張がどの程度信頼できるかを $1 - \alpha$ の数値で表す．逆に，α は主張がはずれる確率（危険度）となる．

確率変数 X が正規分布 $N(\mu, \sigma^2)$ に従う場合の推定を考えよう．X の n 個の標本の平均 $\bar{x} = \frac{1}{n}\sum x_i$ は，正規分布 $(\mu, \sigma^2/n)$ に従うことが知られている．そこで $z = (\bar{x} - \mu)/\sigma$ とすると，z は標準正規分布 $(0, 1)$ に従う．$(\bar{x} - k\sigma) < \mu < (\bar{x} + k\sigma)$ にある確率は，$k = 1, 2, 3$ の場合，

$$P(\bar{x} - \sigma < \mu < \bar{x} + \sigma) = P(-1 < z < 1) = 0.6827$$
$$P(\bar{x} - 2\sigma < \mu < \bar{x} + 2\sigma) = P(-2 < z < 2) = 0.9545$$
$$P(\bar{x} - 3\sigma < \mu < \bar{x} + 3\sigma) = P(-3 < z < 3) = 0.9973$$

となる．すなわち，正規分布に従う母集団の場合，母平均 μ は，多数の標本平均値のうち，約 68.3%，95.5%，99.7% のものは母標準偏差のそれぞれ 1 倍，2 倍，3 倍の範囲内に含まれることがわかる．あるいは，

$$\mu = \bar{x} \pm z_{\alpha/2} \sigma$$

と表す．ここで，z_α は上側が α となる点である．天文学では最もよい推定値に対して両側に信頼限界を置く区間推定が多いので，$\alpha/2$ を用いる（図 3.2）．たとえば，$1 - \alpha = 0.95$ または 0.99 ならば $z_{\alpha/2} = 1.96$ または 2.58 である．

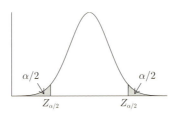

図 3.2　確率分布の危険率

標本平均値が $\mu \pm 3\sigma$ を超えることはきわめてまれである．このことから，統計的な考察にあって，推定値の棄却などの判断基準として，標準偏差の 3 倍をとることがしばしばある．3σ 棄却 (3-sigma rejection) と呼ばれているものである．図 3.3 は標準正規分布の場合の確率積分の主な例である．この数値はしばしば使われるので覚えておくと便利である．

ちなみに上記の例では予め母集団の分散 σ^2 が知られている必要がある．実際の天体観測ではそれを知ることは多くの場合できないので標本分散を用いる．分散を $s = \dfrac{1}{n} \sum (x_k - \bar{x})^2$ とするとき，

$$t = \frac{\bar{x} - \mu}{s/\sqrt{n}}$$

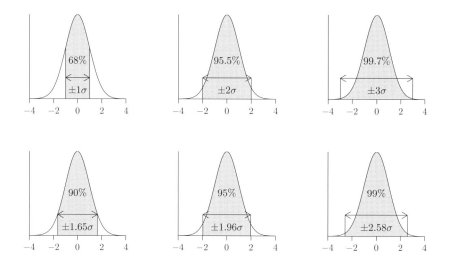

図 **3.3** 標準正規分布の信頼区間と確率積分

は自由度 $n-1$ の t 分布に従う．t 分布の場合，信頼係数 $1-\alpha$ で母集団の平均 μ を推定する式は

$$P\left(\bar{x} - t_{\alpha/2}\frac{s}{\sqrt{n}} \leq \mu \leq \bar{x} + t_{\alpha/2}\frac{s}{\sqrt{n}}\right) = 1 - \alpha$$

で表される．または，

$$\mu = \bar{x} \pm t_{\alpha/2}\frac{s}{\sqrt{n}}$$

である．ただし，$t_{\alpha/2}$ は信頼係数 $1-\alpha$，自由度 $n-1$ に対応する t 分布の値である．

このように，t 分布を用いることにより，母集団の標準偏差が未知の場合でも，母集団が正規分布ならば信頼区間の推定を行うことができる．

3.3 再標本化法による統計量の誤差の評価

母集団の分布が，たとえば正規分布やカイ 2 乗分布など，予め知られた確率密度分布に従う場合，分布関数を用いてパラメータの推定値やその誤差を求めることができる．しかし，母集団の分布モデルが明らかでない，分布モデルが

複雑で誤差の性質がはっきりしない，あるいは標本抽出の回数が限られる場合など，得られた推定値の確かさを求めることが困難な場合がある．このような場合に推定量の確かさを求める方法として再標本化法がある．

1つの標本セットから無作為に再抽出を繰り返すことにより，推定量のばらつきや分布関数を推定する．ここでは天文学でよく使われる**ブートストラップ** (bootstrap) 法と**ジャックナイフ** (jackknife) 法を解説する

3.3.1 ノンパラメトリックブートストラップ法

ブートストラップ法は，標本から重複を許して（**復元抽出**），無作為に標本と同数のサンプルを何度も繰り返し抽出（**リサンプリング**，resampling）した多数の標本セットを使って推定値の誤差を評価する方法である．たとえば，図 3.4 のような母集団から無作為に抽出した標本（仮想母集団）を $X = \{x_1, x_2, x_3, x_4, x_5\}$ とする．標本から重複を許して，標本の個数を変えずに N 回抽出を繰り返すと，

$$1 : \{x_1, x_1, \ x_3, \ x_4, x_5\}$$
$$2 : \{x_1, x_2, \ x_2, \ x_4, x_4\}$$
$$\vdots$$
$$N : \{x_2, x_2, \ x_3, \ x_3, x_3\}$$

のように N 個の標本セットが得られる．そして，それぞれの標本セットから推定したパラメータをそれぞれ $\theta = \{\theta_1, \theta_2, \cdots, \theta_N\}$ とすると，パラメータのばらつきを求めるには，θ の分散を求めてやればよい．

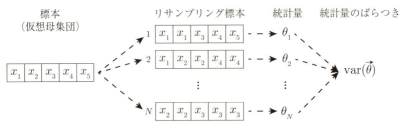

図 3.4 ブートストラップ法のフローチャート

ある母集団から抽出した n 個のデータを $X = (x_1, x_2, \cdots, x_n)$ とする．標本は互いに独立で同一の分布に従うとする．母集団のある性質を表す量を θ とし，X に基づく θ の推定量を $\hat{\theta}_n$ とする．θ とその信頼区間を得るためには，$\hat{\theta}_n - \theta$ の分布関数が必要である．たとえば，標本の平均値 $\bar{x}_n = \frac{1}{n}\sum x_i$ は母集団の平均値 μ のよい推定量である．μ の信頼区間を求めるためには $\bar{x}_n - \mu$ の分布関数が必要である．これまでの例ではそれが正規分布に従うことを仮定してきた．正規分布を仮定せずに，信頼区間を推定する方法がノンパラメトリックブートストラップ法である．

母集団の分布関数 F が知られていないとき，F は $\hat{F}_n$ で近似でき，$\hat{F}_n$ から抽出した標本は F の標本と同様の性質をもつと仮定する．$\hat{F}_n$ から重複を許して抽出した n の標本のセットを $X^* = (x_1^*, x_2^*, \cdots, x_n^*)$ とする．この標本セットから得られた推定量を θ^* とすると，多くの場合，$\hat{\theta}_n - \theta$ の分布と $\hat{\theta}_n - \theta^*$ の分布の違いは小さい [3]．ここで $\hat{\theta}_n - \theta^*$ の分布をブートストラップ分布と呼ぶ．

ブートストラップ分布はヒストグラムとして表現できる．完全なヒストグラムを得るためには n^n の標本セットによる推定量を求める必要があるが，$\sim n(\ln n)^2$ セットで十分であることが知られている．たとえば，10 個の標本の場合には約 50 セット，1000 個の標本の場合には 5 万セットのブートストラップサンプルでよい．

推定量の例として平均値を扱ってみよう．X から重複を許して n 個の標本を N セット抽出する．k 番目のセット

$$x_1^{*(k)}, x_2^{*(k)}, \cdots, x_n^{*(k)} \quad (k = 1, 2, \cdots, N)$$

の平均値 $\bar{x}^{*(k)}$ と X の平均値 $\bar{x}$ との差を $r_k (k = 1, 2, \cdots, N)$ とすると

$$r_k = \bar{x}^{*(k)} - \bar{x}$$

であり，$R = \{r_1, r_2, \cdots, r_N\}$ のブートストラップ分布が得られる．

図 1.1 の右図の 200 個のサブサンプルからノンパラメトリック法によって，左図の母集団の平均値の誤差を推定する実験を行ってみよう．母集団の平均値と標準偏差はそれぞれ 39990.0 と 58.9 である（表 1.3）．また 200 個の標本の標準

誤差から，95%の信頼度で 39982.5 ± 8.1 が得られている（式 1.10）．この 200 個のサンプルにブートストラップ法で，重複を許して 200 個を選び，それを 10000 回繰り返す．図 3.5 に各 200 個サンプルから求めた 10000 個の平均値のヒストグラムを示す．実線は累積分布である．累積分布から平均値の信頼区間を求めることができる．平均値は 39981.3，下位 2.5%点と上位 2.5%点から，95%の信頼区間は 39974.5 から 39990.3 となる．

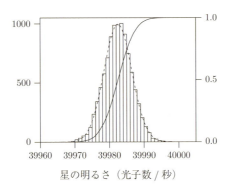

図 3.5 ブートストラップ法による平均値の分布

天文学では分布関数が知られていない，あるいは非線形関数のように分布関数が複雑な場合，ばらつきのモデルへの当てはめとモデルからのばらつきの評価が困難な場合も多い．そのような場合にノンパラメトリックブートストラップ法が用いられる．具体的な例として銀河集団の統計解析を挙げる．銀河は銀河群，銀河団，超銀河団などさまざまな大きさの集団を形成している．その集団をモデル化する方法として，天体間の角度 r を変数とする 2 体角度相関関数 $w(r)$ がある．r 離れた 2 つの銀河が見つかる確率は，一様分布に対して，

$$\delta P = N^2 [1 + w(r)] \delta\Omega_1 \delta\Omega_2$$

で表される．N は銀河の平均表面個数密度，$\delta\Omega_1, \delta\Omega_2$ は各銀河の天域での立体角要素である．$w(r)$ の推定値 $\hat{w}(r)$ は

$$\hat{w}(r) = \frac{\sum DD(r)\Delta r}{\sum RR(r)\Delta r} - 1 \tag{3.1}$$

で定義される[2]. $\sum DD(r)$ は 2 つの標本銀河が角度 r から $r + \Delta r$ の距離の範囲にあるペアの数である（図 3.6）. 同じ大きさの観測天域に標本と同じ数の銀河をランダムな座標点に発生させる. $\sum RR(r)$ は 2 つのランダム銀河が同じ角度の範囲で離れているペアの数である. 天球上で r 離れた距離にある銀河のペアの個数をさまざまな r で求め, 一様分布の場合と比較する. もし銀河が一様に分布している場合, 2 体角度相関関数は 0 となり, ある距離で銀河が密集していればその距離での $\hat{w}(r)$ は大きくなる.

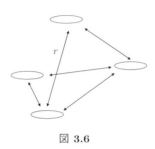

図 3.6

図 3.7 はすばる望遠鏡で観測されたある天域の $z = 1 \sim 1.5$ の範囲にある 1483 個の銀河の分布である. (a) は観測された銀河の天球上での位置, (b) は (a) と同じ数の点を計算機で乱数を発生させて, ランダムに配置した標本である. 図 3.8 は 2 体角度相関関数の解析結果である [11][3]. r は連続変数なので, いくつかの階級に分けてある. 集団の強さはべき関数 $\hat{w}(r) = Ar^{-\beta}$ で近似することが多いので, 図では横軸と縦軸を対数で表示して, $\ln r$ と $\ln \hat{w}(r)$ の線形回帰モデルを直線で示してある. この図から銀河間の距離が近いほど, 集団の傾向が強くなることが見てとれる.

各 r についての $w(r)$ の分布関数は知られていないので, 各点の誤差はノンパラメトリックブートストラップ法を用いて評価する. 図 3.7(c) は (a) の銀河からブートストラップ法によって選択した銀河の分布の例である.（目検では 3 つの図の区別は難しい.）このブートストラット標本に対して, 式 (3.1) を用いて

---

[2] 偏りの少ない 2 体角度相関関数の定義については文献 [13] を参照.
[3] 計算に時間がかかるので, C 言語を用いた.

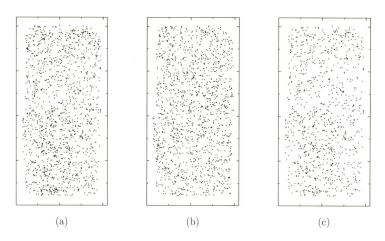

図 3.7 銀河の分布と集団
(a) 銀河の位置の分布，(b) ランダム標本の位置，(c) 銀河標本のブートストラップ標本の 1 例．

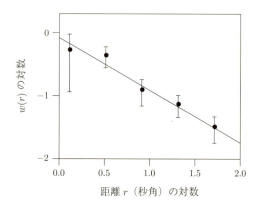

図 3.8 銀河の 2 体角度相関関数

$\hat{w}$ を求め，これを多数回繰り返して $\hat{w}$ のばらつきを得る．図 3.8 の各 r での誤差はこうして求めた $w(r)$ の標準偏差である．

3.3.2 パラメトリックブートストラップ法

ブートストラップ法の 1 つとして，推定量の分布関数が知られている場合に

用いるパラメトリック法がある．最尤法など尤度関数で確率分布でモデリングされている場合，パラメトリックブートストラップ法がよく用いられる．ノンパラメトリックブートストラップ法では，標本から再抽出して作った多数の標本セットからパラメータのばらつきを推定していたが，パラメトリックブートストラップ法では母集団が従う統計モデルを仮定し，その統計モデルから乱数を発生させて標本を生成する．手法の流れを図 3.9 に示す．

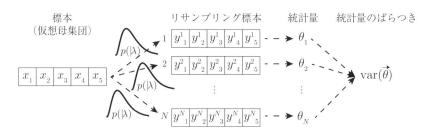

図 3.9 *パラメトリックブートストラップ法のフローチャート*

具体的には次のような手順をとる．

1. データから確率密度関数のパラメータを最小2乗法や最尤推定（後節 4）などによって求める．これを $\hat{\theta}$ とする．たとえば標本が正規分布に従うとして，求めた平均値を $\bar{x}$ とする．
2. その推定したパラメータをあてはめた確率密度分布を用いて標本の数の乱数を発生し，新たに標本を作る．そこからパラメータ $\hat{\theta}^*$ を最尤推定する．たとえば，正規分布に従う n 個の乱数を発生し $\delta x_i (1 = 1, 2, \cdots, n)$ とする．$x_i^* = \bar{x} + \delta x_i$ の新しい標本 $\{x_1^*, x_2^*, \cdots, x_n^*\}$ を生成し，この標本から平均値の推定値 $\bar{x}_1^*$ を求める．
3. 1 と 2 の行程を N 回繰り返し，N 個の推定値セット $\{\hat{\theta}_1^*, \hat{\theta}_2^2, \cdots, \hat{\theta}_N^*\}$ を求める．
4. N 個の $\hat{\theta}_N^*$ のセットからパラメータの推定量とばらつきを求める．

前節のノンパラメトリック法とパラメトリック法とも，ブートストラップ推定値 $<\hat{\theta}>$，分散 s_b^2，偏り B は

$$<\hat{\theta}> = \frac{1}{N}\sum_{i=1}^{N}\hat{\theta}_i^*, \quad s_b^2 = \frac{1}{N-1}\sum_{i=1}^{N}(\hat{\theta}_i^* - <\hat{\theta}>)^2$$

$$B = \frac{1}{N}\sum_{i=1}^{N}(\hat{\theta}_i^* - \hat{\theta})$$

と表される.

図 1.1（右図）の例では測光は数多い光子の計測結果なので，そのばらつきは正規分布に従うとみなされる．正規分布を仮定して，パラメトリックブートストラップ法でパラメータ求めると（図 3.5 の点線），平均値は 39982.5，標準偏差は 4.0，95%の信頼区間は 39974.6 ～ 39990.2 となる．

なお，ブートストラップ法による信頼区間を得る方法には順序統計量を用いるノンパラメトリックなパーセンタイル法の他に，BCa 法，t 法などがあるが，ここでは省略する.

3.3.3 ジャックナイフ法

標本を再利用するノンパラメトリック法にジャックナイフ法がある．これは推定量の偏りを修正するものである．この方法では標本セットから重複を許さず抽出（**非復元抽出**）を繰り返して作った標本セットから推定量の偏り求める．ジャックナイフ法では 1 個の標本を削除して，サンプリングを行う．たとえば，図 3.10 のような母集団から無作為にサンプリングした標本（仮想母集団）を $X = \{x_1, x_2, x_3, x_4, x_5\}$ とする．標本から重複を許さず，データを 1 つ削除して 5 回サンプリングすると，

$$1 : \{x_1, x_2, x_3, x_4\}$$
$$2 : \{x_1, x_2, x_3, x_5\}$$
$$\vdots$$
$$5 : \{x_2, x_3, x_4, x_5\}$$

のような標本セットが得られる．ブートストラップ法と異なり，標本数は削除した個数だけ減って，重複がない．この再抽出した標本セットからパラメータ θ の偏りと分散からパラメータの標準誤差が得られる．それぞれの標本セット

から推定したパラメータを $\theta = \{\theta_1, \theta_2, \cdots, \theta_{n-1}\}$ として，母集団のパラメータの推定値とばらつきを求める．

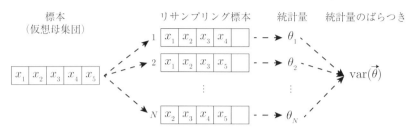

図 3.10 ジャックナイフ法のフローチャート

母集団から抽出した n 個の標本 $X = \{x_1, x_2, \cdots, x_n\}$ から求めたパラメータ θ の推定量 $\hat{\theta}_n$ の θ からの偏りを求める．ただし，標本は互いに独立で同一の分布に従うものとする．すなわち，

$$\hat{\theta}_n = f_n(x_1, x_2, \cdots, x_n)$$

のように，$\hat{\theta}_n$ がある関数 f_n で表されるとする．ここで，i 番目の標本を除いて求めた推定量を $\hat{\theta}_{n,-i}$ とすると

$$\hat{\theta}_{n,-i} = f_n(x_1, \cdots, x_{i-1}, x_{i+1}, \cdots, x_n)$$

である．ここで，ジャックナイフ偏りの推定量を

$$\hat{b}_J = \frac{n-1}{n} \sum_{i=1}^{n} (\hat{\theta}_{n,-i} - \hat{\theta}_n)$$

で定義する．ジャックナイフ偏りを補正した推定量 θ_J を

$$\theta_J = \hat{\theta}_n - \hat{b}_J = \frac{1}{n} \sum_{i=1}^{n} \left(n\hat{\theta}_n - (n-1)\hat{\theta}_{n,-i} \right)$$

と表すと，θ_J の偏りが $\hat{\theta}_n$ の偏りに比べて小さくなっていればよい．
　一般に θ の期待値 $\hat{\theta}$ は

のように展開できる．ここで，$c_1, c_2, \cdots$ は n とは無関係な定数で，$c_1 n^{-1} + c_2 n^{-2} + \cdots$ が $\hat{\theta}$ の偏りである．また，推定量 $\hat{\theta}_{n,-i}$ は

$$\mathbf{E}[\hat{\theta}_{n,-i}] = \theta + c_1(n-1)^{-1} + c_2(n-1)^{-2} + \cdots$$

と表される．この式から，

$$\mathbf{E}[\theta_J] = \mathbf{E}[n\hat{\theta} - (n-1)\hat{\theta}_n] = \theta + c_2(n(n-1))^{-1}$$

となり，θ_J の偏り $c_2(n(n-1))^{-1} = O(n^{-2})$ は $\hat{\theta}$ の偏り $O(n^{-1})$ と比較して，n が大きくなるとともに小さくなるので，ジャックナイフ法では θ の推定量として，θ_J を用いる．

次にジャックナイフ法による分散の推定量を

$$\hat{s}_J^2 = \frac{n-1}{n} \sum_{i=1}^{n} (\hat{\theta}_{n,-i} - \hat{\theta}_n)^2 \tag{3.2}$$

で定義する．パラメータ θ が平均値 $\hat{\theta} = \bar{x}$ の場合，上式 (3.2) は定義から，$\hat{\theta}_{n,-i} = (n\hat{\theta} - x_i)/(n-1), \hat{\theta}_n = \bar{x}$，したがって $\hat{\theta}_{n,-i} - \hat{\theta}_n = (\bar{x} - x_i)/(n-1)$ なので，

$$\hat{\sigma}_J^2 = \frac{1}{n(n-1)} \sum_{i=1}^{n} (x_i - \bar{x})^2$$

と変形される．$\bar{x}$ の分散の不偏推定量 $u^2 = 1/(n-1) \sum (x_i - \bar{x})^2$ を用いて，$\hat{\sigma}_J^2 = u^2/n$ となり，式 (1.9) の標準誤差と一致する．そこで，一般の $\hat{\theta}$ についても式 (3.2) の $\hat{\sigma}_J^2$ をジャックナイフ法による分散の推定量と呼ぶ．

ジャックナイフ法によって再度，図 1.1 の右図の 200 個のサブサンプルから重複を許さずに 199 個を抽出して，200 個の標本平均値から母集団の平均値を推定する．$\hat{b}_J = -4.0$ で，ジャックナイフ偏り修正済み平均は 39986.5 となり，母集団のパラメータに近くなる．一方，$\hat{\sigma}_J^2 = 16.30$ なので，95%の信頼区間は 39986.5±8.1 となり，68%の信頼区間 39986.5±4.0 においても母集団のパラメー

タ 39990.0 を含む.

3.4 誤差の伝搬と信頼区間

天体画像の信号は，天体からの光子 $x_1 = N_{obj}$，背景光 $x_2 = N_{sky}$，熱雑音 $x_3 = N_{dark}$，読み出しにともなう信号 x_4 などの変数の和として表される．ここで信号の和を y とすると，$y = x_1 + x_2 + x_3 + x_4$ となる．x_i の変数にともなう誤差によって y にも誤差が生じる．その誤差を Δ とする．

ここでは一般化して，$y = f(x_1, x_2, \cdots, x_n)$ とすると，y の微少量（誤差）Δ は

$$\Delta = \left(\frac{\partial f}{\partial x_1}\right)\Delta_{x_1} + \left(\frac{\partial f}{\partial x_2}\right)\Delta_{x_2} + \cdots + \left(\frac{\partial f}{\partial x_n}\right)\Delta_{x_n}$$

と表すことができる．Δ の2乗の平均値は測定値 y の分散 $\sigma_y^2 = \frac{1}{n}\sum \Delta^2$ に相当する．そこで，この式から，

$$\begin{aligned}
\sigma_y^2 &= \frac{1}{n}\sum\left(\left(\frac{\partial f}{\partial x_1}\right)^2 \Delta_{x_1}^2 + \left(\frac{\partial f}{\partial x_2}\right)^2 \Delta_{x_2}^2 + \cdots + \left(\frac{\partial f}{\partial x_n^2}\right)^2 \Delta_{x_n}^2 \right. \\
&\quad \left. + 2\left(\frac{\partial f}{\partial x_1}\right)\left(\frac{\partial f}{\partial x_2}\right)\Delta_{x_1}\Delta_{x_2} + 2\left(\frac{\partial f}{\partial x_1}\right)\left(\frac{\partial f}{\partial x_3}\right)\Delta_{x_1}\Delta_{x_3} + \cdots\right) \\
&= \left(\frac{\partial f}{\partial x_1}\right)^2 \sigma_{x_1}^2 + \left(\frac{\partial f}{\partial x_2}\right)^2 \sigma_{x_2}^2 + \cdots + \left(\frac{\partial f}{\partial x_n^2}\right)^2 \sigma_{x_n}^2 \\
&\quad + 2\left(\frac{\partial f}{\partial x_1}\right)\left(\frac{\partial f}{\partial x_2}\right)\sigma_{x_1 x_2} + 2\left(\frac{\partial f}{\partial x_1}\right)\left(\frac{\partial f}{\partial x_3}\right)\sigma_{x_1 x_3} + \cdots
\end{aligned}$$

となる．x_i が互いに独立ならば，共分散 $\sigma_{x_i x_j} = 0 (i \neq j)$ である．また，天体の信号が $y = x_1 + x_2 + x_3 + x_4$ の場合，回帰係数はいずれも1なので $\frac{\partial f}{\partial x_i} = 1$ であり，よって誤差の伝搬の式

$$\sigma^2 = \sigma_{obj}^2 + \sigma_{sky}^2 + \sigma_{dark}^2 + \sigma_{read}^2$$

が成り立つ．

変光星の観測などで，異なる時間，異なる場所での観測データ，あるいは銀河集団の異なる天域での観測データなど，2つのサンプルの平均値に優位な差があるかどうかを検証することがしばしばある．2つの観測セット X, Y の標

本平均と不偏分散をそれぞれ $\bar{x}, u_x^2, \bar{y}, u_y^2$ とし，誤差は正規分布に従うものとする．X と Y の母平均，母分散をそれぞれ $\mu, \sigma^2, \nu, \tau^2$，標本数（観測回数）を m, n とする．$\bar{x}$ と $\bar{y}$ はそれぞれ正規分布 $N(\mu, \sigma^2/n), N(\nu, \tau^2/m)$ に従い，これらは独立である．したがって，正規分布の再生性によって，$\bar{x} - \bar{y}$ は正規分布 $N(\mu - \nu, \sigma^2/n + \tau^2/m)$ に従うので，σ と τ が既知の場合は誤差の伝搬式から差の誤差を推定できる．

しかし一般に，σ と τ は既知の場合は少ない．そこで，観測値から求められる不偏分散を用いる．

$$u_x^2 = \frac{1}{n-1}\sum_{i=1}^{n}(x_i - \bar{x})^2, \quad u_y^2 = \frac{1}{m-1}\sum_{i=1}^{m}(y_i - \bar{y})^2$$

$\mu - \nu$ の不偏推定量は $\bar{x} - \bar{y}$ であり，$\mu - \nu$ の標準偏差は

$$\mu - \nu = \bar{x} - \bar{y} \pm d_b(m, n)$$

と表される．ここで，$d_b(n, m)$ は

$$d_b(m, n) = \begin{cases} z_{\alpha/2}\sqrt{\dfrac{\sigma^2}{n} + \dfrac{\tau^2}{m}} & (1) \\ z_{\alpha/2}\sqrt{\dfrac{u_x^2}{n} + \dfrac{u_y^2}{m}} & (2) \\ t_{\alpha/2}\sqrt{\left(\dfrac{1}{n} + \dfrac{1}{m}\right)\dfrac{(n-1)u_x^2 + (m-1)u_y^2}{n+m-2}} & (3) \end{cases} \quad (3.3)$$

である．$z_{\alpha/2}, t_{\alpha/2}$ は先に説明した信頼係数 $1 - \alpha$，自由度 $n - 1$ に対応する正規分布と t 分布の値である．式 (3.3) の (1) は σ と τ が既知の場合，(2) は σ と τ が未知だが n と m が十分に大きいとき，(3) は $\sigma = \tau$ だが，それらが未知で，n と m が小さい場合である．そのほかの場合はさらに複雑になる．

3.5　最小2乗法とカイ2乗検定

1.4 節で述べた考えに基づいて，回帰モデルの信頼性について定式化する．n 個の測定値があり，測定値の組 $X = \{x_1, x_2, \cdots x_n\}$ を考える．測定値 x_i は個々の測定値であってもよいし，たとえば複数回の測定値の平均値，あるいは，ある

分布関数 $f(\theta; X)$（θ は回帰係数のセット，X は説明変数のセット）で表される測定値であっても構わない．各測定値 x_i にはそれぞれの測定条件や測定方法によって，誤差が生じるが，誤差の分布はガウス分布に従うものとする．各測定値の i 組ごとの平均値と標準偏差を μ_i, σ_i とする．標準化によって $z_i = \dfrac{x_i - \mu_i}{\sigma_i}$ は標準正規分布に従う．各測定値 z_i は互いに独立で，共分散はゼロとする．

残差の平方和

$$\chi^2 \equiv \sum_{i=1}^n z_i^2 = \sum_{i=1}^n \frac{(x_i - \mu_i)^2}{\sigma_i^2} \tag{3.4}$$

をカイ 2 乗と言う．z_i が標準正規分布に従うとき，カイ 2 乗は自由度 n のカイ 2 乗分布に従う．（μ_i と σ_i の代わりに不偏推定量である標本平均と不偏分散を用いるときは自由度 $n-1$ となる．）

また，回帰モデルが $y_i = f(\theta; x_i) + \epsilon_i$ と表される場合，たとえば，式 (1.14) の $y_i = ax_i + b + \epsilon_i$ を考える．誤差 ϵ_i は互いに独立で，平均値 $\bar{\epsilon} = 0$，分散 $\sigma_{y,i}^2$ の正規分布に従うものとする．$\sigma_{y,i}^2$ は y_i ごとに異なってもよい．この場合，カイ 2 乗は

$$\chi^2 = \sum_{i=1}^n \frac{(y_i - f(\theta; x_i))^2}{\sigma_{y,i}^2} \tag{3.5}$$

と表される．$1/\sigma_{y,i}^2$ を重みとする最小 2 乗法はこのカイ 2 乗を最小値にする回帰モデルを求めることと同じである．ただし，最小値をとるからといって，信頼度の高いモデルとは限らないことに注意が必要である．

天文学では観測値の分散が標本ごとに異なる場合，式 (3.4) あるいは式 (3.5) が一般的に用いられる．しかし，z_i が独立で標準正規分布に従うかどうか明らかでない場合，最小値や極小値を求めることができても，必ずしもこの式がカイ 2 乗分布（式 2.4）に従うかどうかは自明ではない．ここでは $\sum z_i^2$ が自由度 $n - k$（k は回帰係数の数）のカイ 2 乗分布に従うことを仮定すると，回帰モデルのもっともらしさの検証に使用することができる．ただし，こうして求めたパラメータの推定値は第 3.1 章でよい推定量として使用するための基準である不偏性，一致性，有効性をもつとは限らない．

ここで回帰モデルと測定値との対応の良さについて考える．図 3.11 は横軸を

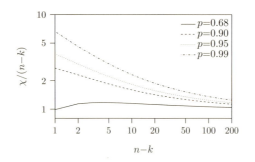

図 3.11 自由度と累積確率

自由度 $n-k$ に対して，カイ 2 乗を自由度で割った値（reduced カイ 2 乗）を各累積確率 p に対して図示したものである．見やすいように両軸とも対数目盛にしてある．この図上で，自由度 $n-k$ と測定された reduced カイ 2 乗値の位置からおよその累積確率の値が求められる．これによって，**有意水準** (significance level) を指定したとき，許容されるかそれとも棄却されるべきかを判定する．たとえば，自由度がある程度大きく，$\chi^2/(n-k) \sim 1$ であれば，モデルと一致する確率は約 68% と言える．目安として，この程度の良さであてはまったときの典型的な値は $\chi^2 \approx n-k$ である．

このようにカイ 2 乗から標本分布（観測値の分布）が母集団の分布（理論分布）と一致しているかどうか，適合度の検定を行うことができる．信頼係数が，たとえば 95% に相当する自由度 $n-k$ のカイ 2 乗値を求め，観測されたカイ 2 乗値がそれより小さければ，その信頼度で観測された分布はモデル分布に一致すると言うことができる．ただし，検定はカイ 2 乗値のみで行うので，観測値とモデルが観測の範囲全体で一致しているとは限らないことに注意が必要である．3.10.2 項にあるように，観測の全範囲での観測値とモデルとの残差を表示して診断することが重要である．

ピアソンのカイ 2 乗は二項分布や多項分布について

$$\chi^2 = \sum_{i=1}^{n} \frac{(O_i - M_i)^2}{M_i} \tag{3.6}$$

で定義される．たとえば，i 番目の階級に入った観測度数とモデルの期待度数を

それぞれ N_i, n_i と表せば，このときのカイ 2 乗は

$$\chi^2 = \sum_{i=1}^{n} \frac{(N_i - n_i)^2}{n_i} \tag{3.7}$$

となる．ピアソンのカイ 2 乗検定はノンパラメトリック検定に用いられる．式 (3.7) の右辺の各項の分布は正規分布ではない．しかし階級の数が多い，あるいは各階級の度数が大きいならば，式 (3.7) の χ^2 は自由度 n のカイ 2 乗分布によい近似となる．実際，ポアソン分布に従う光子イベントは $\mu_i = n_i$，$\sigma_i = \sqrt{n_i}$ なので，式 (3.4) と同じになる．ただし，単位時間あたりの光子数や増幅されたセンサーの出力値はポアソン分布には従わないので，ここでの光子イベントは実際に観測された光子の個数でなければならない．

さらに一般化して，M_i が k 個のパラメータをもつモデルの場合は自由度 $n-k$ のカイ 2 乗分布によい近似となる．すなわち，ある事象がモデル M に従う現象からの抽出であるとする帰無仮説について，式 (3.6) で得られるカイ 2 乗がある値 x を超える確率 α（たとえば $\alpha = 0.05$）は，事象の数が十分大きいときには自由度 $n-k$ のカイ 2 乗が x を超える確率に等しい（$P[\chi^2_{n-k} > \chi^2_{n-k,1-\alpha}] = \alpha$）．

天文学では各階級ごとの σ_i のモデル値が予め知られていない場合も多い．そのような場合，式 (3.6) の代わりに，

$$\chi^2 = \sum_{i=1}^{n} \frac{(O_i - M_i)^2}{O_i}$$

が使われることが多い．分母の O_i は測定値から推測する．これをネイマン (Neyman) のカイ 2 乗と言う．たとえば，光子イベントや事象の頻度の場合は，$\sigma^2_{i(obs)}$ を観測値から得られる分散とすると $\sigma^2_{i(obs)} \simeq O_i$ なので，

$$\chi^2 = \sum_{i=1}^{n} \frac{(O_i - M_i)^2}{\sigma^2_{i(obs)}} \tag{3.8}$$

となる．ただし，観測値の $\sigma_{i(obs)}$ に系統的誤差やガウス分布に従わない誤差が混入している場合は，式 (3.8) はカイ 2 乗分布に従わないことに注意が必要である．カイ 2 乗の極小値とそれを与えるモデルパラメータを求めることが多いが，標本の数が少ないときなど，χ^2 値がカイ 2 乗分布に従わない場合もあるの

でモデルの検定には注意が必要である．

3.6 分位点による比較

順序統計量を用いた標本の比較に，分位点（1.2.3 項）による方法がある．図 3.12 は M31（アンドロメダ銀河）と銀河系の球状星団の明るさ（V バンドでの絶対等級）の頻度図である．頻度図の様子から球状星団の明るさの分布は正規分布と予想される．ただし，頻度図は標本の数や階級の幅で印象が大きく異なることがあるため，果たして正規分布に従うかどうかの判定はこの頻度図からは困難である．最尤法を使い（最尤法については次章で解説），観測値から明るさの平均値と標準偏差を求め，その平均値と標準偏差をもつ正規分布を点線で示す．平均値は標準誤差を用いると，それぞれ $-6.36 \pm 0.03, -6.89 \pm 0.13$ と表され，有意に差があると言える．分散はそれぞれ 1.29, 1.68 である．

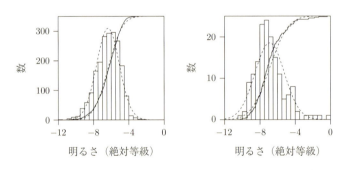

図 **3.12** M31（左）と銀河系（右）の球状星団の明るさ分布

実線は観測の累積個数であり，**経験的累積分布関数** (empirical cumulative distribution function) と呼ばれる．正規分布での累積個数を点線で示す（累積分布関数）．累積個数は階級の取り方に依存しないので，この累積分布を使って，観測値が正規分布で表せるかどうか検証する．データを絶対等級の小さいほうから並べたとき，累積個数の分位点（パーセンタイル）が得られる．図 3.13 は正規分布から期待されるある累積個数の分位点の絶対等級と，同じ分位点をもつ標本の絶対等級の位置をプロットしたものである．この図を **Q-Q 図** (Quantile-Quantile plot) と呼ぶ．もし観測値が正確に正規分布ならば，図の直線上に観測点が並ぶはずである．図から平均値より明るい（数値が小さい）球状星団と暗い（数値が大きい）球状星団では観測値が正規分布からずれていることがわかる．明るい球状星団や暗い球状星団の数が正規分布からずれているとともに，銀河によってその様子が異なることがわかる．横軸と縦軸をそれぞれ銀河系と M31 の球状星団とすると，直接その違いを知ることができる（図3.13右）．このように Q-Q 図を用いると標本の性質や違いが理解しやすい．

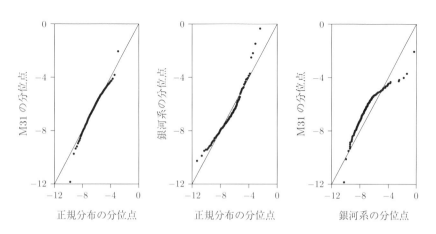

図 3.13 Q-Q 図
正規分布に対する M31（左）と銀河系（中）の球状星団の比較．右は銀河系と M31 の比較．

3.7　正規分布における母平均の差の検定

上記の球状星団のように，2つの母集団があり，それぞれ正規分布 $N(m_1, \sigma_1^2)$ と $N(m_2, \sigma_2^2)$ に従うと仮定する．その母平均が等しいかどうか，標本平均を用いて検定する．2つの標本は独立なのでそれぞれの平均値を $\bar{x}, \bar{y}$ とすると，正規分布の再生性によって，$\bar{x} - \bar{y}$ は正規分布 $N(m_1 - m_2, \sigma_1^2/n_1 + \sigma_2^2/n_2)$ に従う．ここで，n_1 と n_2 はそれぞれの標本数である．m_1 と m_2 が等しいとする**帰無仮説** (null hypothesis) の下では，$\bar{x} - \bar{y}$ は正規分布 $N(0, \sigma_1^2/n_1 + \sigma_2^2/n_2)$ に従う．よって，

$$z = \frac{\bar{x} - \bar{y}}{\sqrt{\sigma_1^2/n_1 + \sigma_2^2/n_2}}$$

は $N(0,1)$ に従う．図 3.12 において，標本分散は母分散に等しいと仮定すると，$z = 3.97$ となり，有意水準 $\alpha = 0.01$ における棄却域 z は $|z| \geq 2.58$ なので，M31 と銀河系の球状星団の平均の明るさが同じという仮説は $\alpha = 0.01$ のとき棄却されると言える．

ただし，ここでは母分散が既知であると仮定した．母分散 σ_1^2, σ_2^2 が未知の場合であっても，等しいことがわかっている場合には母分散の代わりに不偏分散を用いて，平均値の差を t 検定で評価できる．u^2 を

$$u^2 = \frac{1}{n_1 + n_2 - 2}\left(\frac{1}{n_1} + \frac{1}{n_2}\right)((n_1 - 1)u_1^2 + (n_2 - 1)u_2^2)$$

と定義する．ここで，u_1^2 と u_2^2 は 2 つの標本の不偏分散である．このとき，

$$t = \frac{\bar{x} - \bar{y}}{u}$$

は自由度 $n_1 + n_2 - 2$ の t 分布に従う．測定値から t 値を求めることで，母分散が等しい 2 つの標本の平均値の差の検定を行うことができる．

3.8 コルモゴロフ・スミノフ検定

前節では M31 と銀河系の球状星団の明るさ分布が正規分布に従うと仮定したが，正規分布に従うかどうか，また M31 と銀河系の球状星団が同じ性質であるかどうかを調べてみよう．正規性の検定にはシャピロ・ウィルク (Shapiro-Wilk) 検定や**コルモゴロフ・スミノフ** (Kolmogorov-Smirnov) **検定**（**KS 検定**）などがあるが，ここでは天文学でよく使われる KS 検定を用いる．KS 検定は累積分布関数を用いて，1 つのデータセットにおける確率分布の正規性や 2 つのデータセットの間の確率分布の相違を検定する．天体の 1 つの性質を統計的に扱う場合，標本数が少ないときに有効である．

観測値 $x_i (i = 1, 2, \cdots, n)$ が与えられたとき，x 以下の値をとる観測値の割合を表す経験的累積分布を

$$S_n(x) = \frac{1}{n}|\{i; x_i \leq x\}|$$

とする．それに対して，比較するモデルの累積分布関数を $P(x)$ とする（図3.14）．$P(x)$ は比較する別の経験的累積分布関数であってもよい．定義から x の最小値と最大値で $S_n(x)$ と $P(x)$ は一致する．すなわち $S_n(-\infty) = P(-\infty) = 0, S_n(\infty) = P(\infty) = 1$ である．

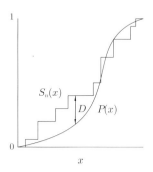

図 3.14 経験的累積分布関数とモデルの累積分布関数

KS 検定では，$S_n(x)$ と $P(x)$ が最も大きい差 D を用いる．すなわち，

$$D = \max |S_n(x) - P(x)|$$

と定義する．$P(x)$ が別の経験的累積分布 $S_{n'}(x)$ の場合には，

$$D = \max |S_n(x) - S_{n'}(x)|$$

である．D の大きさを用いて，すべての x に対し，$S_n(x)$ が $P(x)$ と同じ母集団からの標本とする仮説の検定を行う．KS 検定の有利な点は，D は横軸のスケールに依存しない点である．x の代わりに $\log x$ であっても D は同じである．

サンプル数が十分大きいとき（ただし $n > 20$ であれば十分よい近似である），有意水準 P_{KS} は

$$\lim_{n \to \infty} P_{KS}(D > x/\sqrt{n}) = 2 \sum_{m=1}^{\infty} (-1)^{m-1} e^{-2m^2 x^2}$$

と表される．異なる標本数の 2 つの経験的累積分布の KS 検定の場合は，n を

$(n+n')/nn'$ に置き換えて

$$\lim_{n\to\infty} P_{KS}(D > x\sqrt{(n+n')/nn'}) = 2\sum_{m=1}^{\infty}(-1)^{m-1}e^{-2m^2x^2}$$

となり，同じ式が成り立つ．

図3.12の場合，P_{KS} を求めると正規分布との比較からそれぞれ $P_{KS} = 0.01, 0.12$ が求まる．すなわち M31 は有意水準 5%より小さいので正規分布に従うという仮説は棄却されるが，銀河系では棄却できない．

M31 と銀河系の球状星団が同じ性質をもつ母集団から得られたものと仮定して KS 検定を行うと，$P_{KS} \ll 1$ となり，同じ性質をもつとする仮説は棄却される．ただし，その原因は観測の誤差か球状星団の性質の違いによるものか別に調査する必要がある．実際，銀河面の吸収の少ない K バンドでのデータでは，銀河系の球状星団の等級分布は違ったものになる．

KS 検定を用いた正規分布の検定では，あらかじめ母集団の平均値と分散の推定値を求めておく必要がある．また変数の最小値と最大値では標本値とモデル値が一致するため，中央値付近の値に強く依存する．両端の裾の近くでも中央値付近と同等の重みづけをするなどの改良をしたアンダーソン・ダーリング (Anderson-Darling) 検定，クラーメル・フォンミーゼス (Cramer-von Mises) 検定などがあるが，ここでは省略する．

3.9　F 分布と等分散検定

正規分布 $N(\mu, \sigma^2)$ の母集団から，別個に大きさが n_1, n_2 個の2つの標本を抽出する．それぞれの標本平均 $\bar{x}_1, \bar{x}_2$，標本変動を S_1^2, S_2^2 とすると，$S_1^2/\sigma^2, S_2^2/\sigma^2$ は互いに独立に自由度 $(n_1-1), (n_2-1)$ のカイ2乗分布に従う．したがって，その比として表される量は不偏分散 u_1^2, u_2^2 を用いて，

$$F = \frac{\frac{S_1^2/\sigma^2}{n_1-1}}{\frac{S_2^2/\sigma^2}{n_2-1}} = \frac{u_1^2}{u_2^2}$$

と表される．これは，自由度 (n_1-1, n_2-1) の F 分布 $F_{n_2-1}^{n_1-1}$ に従う．

観測データのばらつきは分散として得られるが，分散の大小は観測誤差と天

体のもっている固有の性質に左右される．**分散分析** (analysis of variance) では固有の性質によるデータのばらつきが観測誤差によるものより大きいかを検定し，性質によるばらつきのほうが大きければ母分散に差があるとする．図 3.15 はケプラー衛星によって繰り返し観測されたある星のデータの例である．各点の観測誤差（標準偏差）は平均 0.025 等である．星 1 の標準偏差は観測誤差程度の 0.02 等だが，星 2 はそれより大きなばらつきを示す．この 2 つの標本を用いて等分散かどうか検定すると $F = 0.09$ となる．有意水準 $\alpha = 0.01$ で，F 値の下限値は 0.64 なので測定値は棄却域に落ちる．したがって，星 1 と星 2 はどちらも変光星でないという仮説は棄却され，星 2 のばらつきが変光によるものと予想される．実際，星 2 の周期を解析をして，データの位相をそろえると変光星であることがわかる（図 3.15 右）．

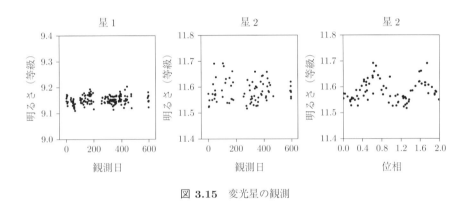

図 **3.15** 変光星の観測

3.10 確率密度分布の推定

データ解析の主な目的は，観測データを関係づける分布モデルを解明することや，モデルが知られていないときに性質を特徴づけるモデルの予測をすることである．しかし 1 つのモデルを仮定してデータへの当てはめをするだけでは不十分で，いろいろなモデルを当てはめ，最も適当なモデルを選択する必要があるとき，その判定基準が必要となる．

3.10.1 ノンパラメトリック法による回帰分析

ここでは平滑化を用いるノンパラメトリック法の回帰分析を解説する．大量の標本を扱う際，計算機の負荷を軽減するために，誤差によってばらつきのある離散的標本値を平滑化して密度関数を求める．図 3.16 は SDSS で観測された QSO（クェーサー）の赤方偏移と色の分布図である．（ここでは図を見やすくするために，1000 個の標本に限定してある．）QSO の色分布には赤方偏移と何かしらの相関が見られるが，単純な関数には当てはまらないことがわかる．ヒストグラムによって分布を調べることも可能だが，階級の幅の取り方により，分布の様子が大きく変わる．各赤方偏移ごとの平均的な QSO の色を調べる方法に，部分的に回帰線を求めて，それらを結ぶノンパラメトリック法がある．ここではヒストグラムによる分析の問題点を緩和する推定法のカーネル (kernel) 回帰法を解説する．

標本値 $x_i (i = 1, 2, \cdots, n)$ から分布関数 $f(x)$ を推定することを考える．説明変数 X，目的変数 Y の関係が

$$y_i = f(x_i) + \epsilon_i$$

で表されると仮定し，$f(x)$ を推定する．ただし ϵ は平均値 $\mathbf{E}[\epsilon] = 0$ の正規分布に従う測定誤差とする．したがって，X を固定したときの Y の期待値は $r(x) = \mathbf{E}[Y|X = x]$ であり，

$$r(x) = \frac{\int y f(x,y) dy}{\int f(x,y) dy} \tag{3.9}$$

と表される．**カーネル関数（核関数）** (kernel function) K を用い，平滑化した分布関数 $\hat{f}(x)$ を

$$\hat{f}(x) = \frac{1}{nh} \sum_{i=1}^{n} y_i K\left(\frac{x_i - x}{h}\right)$$

と表す．これを**カーネル密度推定量** (kernel density estimator) と呼ぶ．ここで，$h(> 0)$ は平滑化を行う X の範囲で，バンド幅と呼ぶ．また，2 変数の同時分布関数（結合分布関数）では，X と Y のバンド幅をそれぞれ h_x, h_y として

$$\hat{f}(x,y) = \frac{1}{nh_x h_y} \sum_{i=1}^{n} K\left(\frac{x_i - x}{h_x}\right) \sum_{i=1}^{n} K\left(\frac{y_i - y}{h_y}\right)$$

となり，これらを式 (3.9) に代入すると，

$$\hat{r}(x) = \frac{\sum_{i=1}^{n} y_i K(\frac{x_i - x}{h_x})}{\sum_{i=1}^{n} K(\frac{x_i - x}{h_x})}$$

が得られる．これを**ナダラヤ・ワトソン (Nadaraya-Watson, NW) 推定量**と呼ぶ．NW推定量は Y のバンド幅には依存しない．カーネル関数は

$$\int K(x)dx = 1, \int xK(x)dx = 0, \int x^2 K(x)dx > 0$$

を満たす関数であり，

$$K(x) = \begin{cases} \frac{1}{2}, & -1 \leq x \leq 1 \\ 0, & x < -1, x > 1 \end{cases}$$

の一様分布や

$$K(x) = \frac{1}{\sqrt{2\pi}} \exp\left(-\frac{x^2}{2}\right)$$

のガウス分布などが用いられる．

NW 推定量は i 番目の測定値 x_i の前後，$x_i - h_x < x < x_i + h_x$ でカーネル関数を重みとして平均を求め，平滑化された分布に対する最小 2 乗法とも言える．詳しい証明は省略するが，カーネル推定量は標本数の増加とともに漸近的に $\hat{r}(x)$ の期待値が $r(x)$ に近づき，分散値が 0 になる一致性（3.1 節）をもつ．バンド幅は解析者の判断に委ねられる．最適なバンド幅は推定精度を**積分平均2 乗誤差** (mean integrated square error, **MISE**)

$$MISE(\hat{r}) = E\left[\int [\hat{r}(x) - r(x)]^2 dx\right]$$

を調べることにより漸近的に求まるが，詳しいことは専門書を参照されたい．NW 推定の結果を図 3.16 に示す（実線）．スプライン (spline) 関数（破線）による平滑化の結果も図に重ねてある．

3.10.2 残差の表示と診断

図 3.17 は測光によって求めた赤方偏移 (z[photo]) の精度を評価するものであ

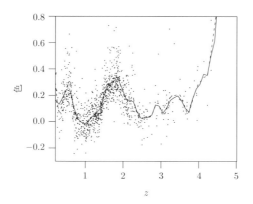

図 **3.16** QSO の赤方偏移 z と色

る．横軸は分光観測で求めた赤方偏移 (z[sp]) で，測光観測よりもずっと精度が高いので誤差はないものとすると，図 3.17（左）から z[photo] に大きなばらつきのあることがわかる．破線は全標本について線形回帰によって直線に当てはめた結果である．標準偏差は 0.76 と非常に大きい．図 3.17（中央）は z[photo] の回帰モデルからの残差を表している．z[sp] の大きさによって大きな系統的な誤差があることが見てとれる．残差は一覧表で調べるよりもこのような図を用いるほうが系統的な傾向を把握しやすい．

残差プロットは回帰分析の結果の傾向を知るうえで非常に重要なので，必ず図に表して検討すべきである．後章の図 6.12 のように，残差を比で表す，対数

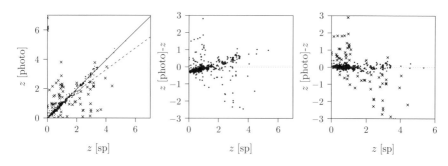

図 **3.17** 測光による赤方偏移の精度

軸を用いるなど，個々の問題ごとに残差の傾向をわかりやすく表示する工夫も重要である．なお，残差の全体の大きさを用いるモデルとの比較はカイ2乗検定（3.5節）によって行う．

3.10.3 異常値に対して安定なロバスト推定法

前節のように，残差を表示することで測定にともなう大きな誤差をもつ標本や一般的な性質からはずれた性質をもつ標本，あるいは誤差が正規分布に従わず，すそ野が正規分布よりも長い分布のときに，大きなはずれ値を見つけることがある．特に大きなはずれ値については測定値そのもの，あるいは測定の手法，データ解析などを再検討する必要があるかもしれない．一方で新しい天体や知られていない現象の可能性もあるので慎重に取り扱う必要がある．ここでははずれ値を異常値とみなして，異常値に左右されない**ロバスト** (robust) **推定法**を解説する．（ロバストとは「強固な」という意味である．）

異常値をそのままにして回帰分析を行うと，その結果が異常値に大きく左右される可能性がある．ロバスト推定法では残差の大きい測定値に対する重みを調整しつつ，最適パラメータを決定する．ただし異常値があってもパラメータの推定値に影響を与えにくい，推定値の分散が十分小さくなるなどの条件が必要である．中央値は母平均の，MADは標準偏差のロバスト推定値と言える．誤差が正規分布に従うとき，中央値の分散は標本平均の分散より少し大きい程度である（約1.6倍）．したがって，誤差の分布が正規分布とそれほど離れていないと思われるときは，正規分布からのずれは無視できる．しかし，正規分布から大きく離れている場合，標本平均値の分散は最もよい推定量の分散よりも非常に大きくなる可能性がある．実際，このような場合に中央値の分散のほうが小さくなる．

ここでは大きなはずれ値をもつ標本に対して，線形回帰モデルのロバスト推定法を解説する．初期の推定値からのずれの大きさに応じて重みを変えて，再度，重みつきで回帰分析を行い，それを繰り返す **M推定法** を図3.17のデータに適応する．M推定法という名前は最尤推定法 (maximum-likelihood-type estimation)に因む．そのほかに，ロバスト推定法には，L推定（順序統計量を用いる中央値，順序統計量の上位や下位分位点の外にある標本を除去するトリム (trim) 平

均など),R 推定(KS 検定,式 3.9)やスピアマンの順位相関関数(式 1.12)などがあるが,ここでは省略する.

n 個の観測値 $Y = (y_1, y_2, \cdots, y_n)$ が与えられ,P_i を各測定値の誤差分布として尤度を

$$L(y|x) = \prod_{i=1}^{n} P_i(y_i - f_i(x))$$

で定義する.最尤法は $-\log L(y|x)$ を最小にする方法だが,M 推定法はこれを一般化して

$$\sum_{i=1}^{n} \psi_i \times (y_i - f_i(x))$$

を最小にする回帰方程式 $f(x)$ を求めるものとする.ψ_i はデータの影響を制御するための関数である.

ここでは図 3.17 を例に取り,直線への当てはめを考える.y_i に重み w_i を乗じ

$$w_i y_i = w_i(ax_i + b) + \epsilon_i$$

として,式 (1.15) と同様に係数を求める.各点の重みのために

$$w(d) = \begin{cases} \left[1 - \left(\dfrac{d}{D}\right)^2\right]^2, & |d| \leq D \\ 0, & |d| > D \end{cases}$$

の重み関数 $w(d)$(Biweight 推定法)を導入する.d は観測点と回帰直線までの距離である.範囲を指定する D は適宜与える.なお重み関数はそのほかにも多数存在する.M 推定法では重みを調整しなおして反復計算するので,初期の推定値の与え方も重要である.図 3.17(左)の実線はロバスト推定法によって求めた線形回帰モデルである.図 3.17(右)はその残差分布である.異常値として見なされ,繰り返しによって重みが 0 となった観測点を×で示した.勾配は 0.99,切片は -0.02,標準偏差 0.09 である.異常値を除けば,図 3.17(中央)に比べて系統的な誤差が非常に小さくなることがわかる.しかしロバスト推定法はもともと観測値もモデルも理想的でないことを想定したうえで,1 つの便法として考案されたものである.小さな重みを与えられた観測値に問題がないかどうか,またモデルが適切かどうかなどの診断も重要である.

―――――――――――――― コラム（**AI と天文学**）――――――――――――――
　AI（人工知能）は私たちの生活に深く浸透しつつある．天文学でも AI とは無縁ではなく，筆者 (TI) も 1990 年代前半に写真乾板に写った多数の星のスペクトル画像から AI を使って自動でスペクトル分類ができないかと考えたこともある．ルーペを使って画像を見ながら，目検で分類していた時代である．当時，すでに現在と同じ AI のアルゴリズムもできていたが，計算機がまだ遅かった時代（当時のスーパーミニコンでさえ現在のパソコンの能力よりはるかに劣っていた），計算時間がかかりすぎて断念した．現在では，銀河の形態分類（ハッブル分類）や星のトランジット変光を利用した地球型系外惑星の発見などに応用されている．計算機が速くなったので情報処理は簡単になったが，AI が新発見をするわけではなく，学習によってモデルとの誤差を最小にするだけである．どれひとつとして同じものがない，境界がはっきりしない性質の天体の分類分けをするために，性質を特徴づける統計的に有意な何段階ものパラメータを数値化する作業が必要である．そちらのほうがずっと大変かもしれない．実際，Galaxy Zoo（銀河動物園）プロジェクトでは世界中のボランティアが数十万の銀河の形態分類を昔と変わらない目検で行っている．

4

パラメータの最尤推定

　宇宙から得られたデータとその背景にある普遍的な現象を結びつけるのがモデルである．モデルには物理法則から要請されるものや一般法則がまだ知られていない場合など経験に基づくものなどがある．どちらの場合であっても母集団の性質をモデルで予測するために，標本データからモデルのパラメータ（母数）を推定し，また複数のモデルが想定される場合はどのモデルがよりよいのかを選択する統計的な基準が必要となってくる．

4.1　尤度関数と最尤推定

　1.3.4 項と 3.5 節で偏差の平方和を最小にする最小 2 乗法を使って回帰モデルのパラメータの合理的な推定値を求めた．また 3.1 節では点推定の規準として不偏性や有効性，漸近正規性，一致性を用いた．しかし，不偏推定量が存在しない場合や，ほかの条件を満たす推定量が存在しない，あるいは求めることが困難な場合などもある．このような場合，必ずしも不偏性にこだわらず，もっともらしい推定量を求める方法に**最尤（さいゆう）推定法** (maximum likelihood estimation) がある．尤とはすぐれたという意味である．

　変数 X，パラメータ θ をもつ確率密度関数を $f(\theta; X)$ とする．$f(\theta; X)$ は変数 X の関数であるが，見方を変えて，X の実現値 x を定数とし，

$$L(\theta) \equiv L(x; \theta) \equiv f(\theta; X = x)$$

として θ の関数 $L(\theta)$ を定義することができる．L を**尤度（ゆうど）関数** (likelihood

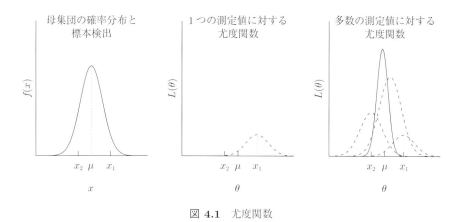

図 **4.1** 尤度関数

function) と呼ぶ.

例として，パラメータ θ が母平均 μ の場合を考える（図 4.1 左）．1 つの測定値 x_i が得られたとき，μ の値は x_i の近くにあると考えられ，尤度関数は図 4.1 中央のように，中心が x_1 にある関数となる．L が大きいとき，x_1 は μ に近く，小さいときは遠いと見なすことができる．さらに測定を繰り返して $X = \{x_1, x_2, \cdots, x_n\}$ が得られたとすると，n 個の値を統合して，θ を推定する尤度関数は，確率分布を統合するときに積をとるように，それらの尤度関数の積をとればよい．

$$L(\theta; x_1, x_2, \cdots, x_n) = \prod_{i=1}^{n} f(\theta; x_i)$$

この積は図 4.1 右のようになる．この尤度関数が最大となる $\hat{\theta}$ を母平均 θ の最尤推定値 (maximum likelihood estimate) と呼び，最尤値をもっともらしいパラメータの推定値とする．この方法を最尤推定法と言う．測定値の数が多くなると，尤度関数は最尤推定値がパラメータに近づき，その半値幅は母集団の確率密度関数より狭くなることが期待される．尤度関数は確率密度関数の再現ではなく，パラメータの推定値を求めることが目的なので幅が狭くなる．

また，この対数をとったものを**対数尤度関数** (log-likelihood function) と呼ぶ．尤度関数を最大にするパラメータを求める代わりに，対数尤度関数を最大にするパラメータを求めてもよい．

$$\ln L(\theta; x_1, x_2, \cdots, x_n) = \sum_{i=1}^{n} \ln f(\theta; x_i)$$

θ_i の最尤推定値はこの式を偏微分して

$$\frac{\partial L}{\partial \theta_i} = 0, \quad (i = 1, 2, \cdots, k) \tag{4.1}$$

を解いて求める．なお，実際の計算では対数尤度関数を用いて，

$$\frac{\partial}{\partial \theta_i} \ln L = 0, \quad (i = 1, 2, \cdots, k) \tag{4.2}$$

を解くことが多い．式 (4.1) あるいは式 (4.2) を**尤度方程式** (likelihood equation) と言う．点推定のときのように（3.1 節），最尤推定量の有用性についても一致性や漸近有効性をもとに評価されるがここでは省略する．文献等を参照されたい（たとえば [32]）．

4.2 正規分布の最尤推定

確率密度関数として母平均 μ，母分散 σ^2 のガウス分布を考える．観測値 $X = \{x_1, x_2, \cdots, x_n\}$ の尤度関数は

$$L(\mu, \sigma) = \prod_{i=1}^{n} \frac{1}{\sqrt{2\pi}\sigma} e^{-\frac{(x_i - \mu)^2}{2\sigma^2}} = \left(\frac{1}{\sqrt{2\pi}\sigma}\right)^n e^{-\frac{1}{2\sigma^2}\sum(x_i - \mu)^2}$$

となる．ここで正規分布を使った具体的な最尤推定を考えてみよう．

4.2.1　1 変数の場合

表 4.1 に示すデータは，局所銀河群における矮小銀河の恒星質量と平均金属量のデータである．変数として金属量を考える．データから金属量についてのヒストグラムを描くと図 4.2 のような金属量分布になる．今，どの銀河群も矮小銀河の金属量が平均 μ，分散 σ^2 の同じパラメータをもつ正規分布 $N(\mu, \sigma^2)$ に従うとすると，対数尤度は，

$$\ln L(\mu, \sigma) = -\frac{n}{2} \ln(2\pi\sigma^2) - \frac{1}{2\sigma^2} \sum_{i=1}^{n} (x_i - \mu)^2$$

となる．偏微分して得られる尤度方程式

$$\frac{\partial}{\partial \mu} \ln L = \frac{1}{\sigma^2} \sum_{i=1}^{n}(x_i - \mu) = 0,$$

$$\frac{\partial}{\partial (\sigma^2)} \ln L = -\frac{n}{2\sigma^2} + \frac{1}{2\sigma^2} \sum_{i=1}^{n}(x_i - \mu)^2 = 0$$

を解くと，

$$\mu = \frac{1}{n}\sum_{i=1}^{n} x_i = -1.71, \quad \sigma^2 = \frac{1}{n}\sum_{i=1}^{n}(x_i - \mu)^2 = 0.20$$

となり，最小 2 乗法の結果と一致する．ただし，最尤法ではもっともらしい σ も一緒に求めている点が異なる．

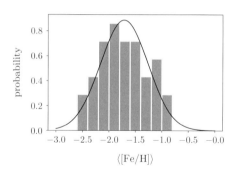

図 **4.2** 近傍矮小銀河の平均金属量分布

4.2.2　2 変数の場合

前節では銀河は同じ母集団の標本と考えた．次に銀河の金属量が質量 $\log(M_*/10^6 M_\odot)$[1] に依存するモデルを考える．ここで x は $\log(M_*/10^6 M_\odot)$，y は各銀河の金属量とする．目的変数の金属量 y を説明変数の x の関数として定義する線形回帰モデル

$$y_i = \beta_1 x_i + \beta_0$$

---

[1] M_* は銀河を構成する星の全質量．

表 4.1 近傍矮小銀河の恒星質量と金属量［Kirby, E. N. et al. (2013) の表 4 を改変］

Galaxy	($\log M_*/M_\odot$)	$\langle$[Fe/H]$\rangle$
Milky Way dSphs		
Fornax	7.39 ± 0.14	-1.04 ± 0.01
Leo I	6.69 ± 0.13	-1.45 ± 0.01
Sculptor	6.59 ± 0.21	-1.68 ± 0.01
Leo II	6.07 ± 0.13	-1.63 ± 0.01
Sextans	5.84 ± 0.20	-1.94 ± 0.01
Ursa Minor	5.73 ± 0.20	-2.13 ± 0.01
Draco	5.51 ± 0.10	-1.98 ± 0.01
Canes Venatici I	5.48 ± 0.09	-1.91 ± 0.01
Hercules	4.57 ± 0.14	-2.39 ± 0.04
Ursa Major I	4.28 ± 0.13	-2.10 ± 0.03
Leo IV	3.93 ± 0.13	-2.45 ± 0.07
Canes Venatici II	3.90 ± 0.20	-2.12 ± 0.05
Ursa Major II	3.73 ± 0.23	-2.18 ± 0.05
Coma Berenices	3.68 ± 0.22	-2.25 ± 0.04
Segue 2	3.14 ± 0.13	-2.14 ± 0.05
Local Group dIrrs		
NGC 6822	7.92 ± 0.09	-1.05 ± 0.01
IC 1613	8.01 ± 0.06	-1.19 ± 0.01
VV 124	6.92 ± 0.08	-1.43 ± 0.02
Pegasus dIrr	6.82 ± 0.08	-1.39 ± 0.01
Leo A	6.47 ± 0.09	-1.58 ± 0.02
Aquarius	6.15 ± 0.05	-1.44 ± 0.03
Leo T	5.13 ± 0.20	-1.74 ± 0.04
M31 dSphs		
NGC 205	8.67 ± 0.05	-0.92 ± 0.13
NGC 185	7.83 ± 0.05	-1.12 ± 0.36
NGC 147	8.00 ± 0.05	-0.83 ± 0.25
Andromeda VII	7.17 ± 0.13	-1.62 ± 0.21
Andromeda II	6.96 ± 0.08	-1.47 ± 0.37
Andromeda I	6.88 ± 0.05	-1.33 ± 0.17
Andromeda III	6.26 ± 0.12	-1.84 ± 0.05
Andromeda V	5.79 ± 0.09	-1.94 ± 0.18
Andromeda XVIII	5.90 ± 0.30	-1.35 ± 0.20
Andromeda XV	5.89 ± 0.15	-1.70 ± 0.20
Andromeda XIV	5.58 ± 0.25	-2.21 ± 0.01
Andromeda IX	5.38 ± 0.44	-1.93 ± 0.20
Andromeda X	5.15 ± 0.40	-2.46 ± 0.20

を求めることを考える．このとき，右辺の $\beta_1 x_i + \beta_0$ を**線形予測子** (linear predictor)，左辺の y_i を**リンク関数** (link function) と呼ぶ[2)]．今，簡単のために金属量の分散は銀河の質量に依存せず，一定の標準偏差 σ をもつものとする．尤度関数は，β_0 と β_1 の関数として，

$$L(\beta_0, \beta_1) = \prod_{i=1}^{n} f(\beta_0, \beta_1; x_i, y_i)$$
$$= \prod_{i=1}^{n} \frac{1}{\sqrt{2\pi}\sigma} \exp\left\{-\frac{(y_i - \beta_1 x_i - \beta_0)^2}{2\sigma^2}\right\}$$

と書ける．その対数尤度は，

$$\ln L(\beta_0, \beta_1) = -\frac{n}{2}\ln(2\pi\sigma^2) - \frac{1}{2\sigma^2}\sum_{i=1}^{n}(y_i - \beta_1 x_i - \beta_0)^2$$

となるので，尤度方程式は，

$$\frac{\partial \ln L(\beta_0, \beta_1)}{\partial \beta_0} = -\frac{1}{\sigma^2}\sum_{i=1}^{n}(y_i - \beta_1 x_i - \beta_0) = 0$$
$$\frac{\partial \ln L(\beta_0, \beta_1)}{\partial \beta_1} = -\frac{1}{\sigma^2}\sum_{i=1}^{n} x_i(y_i - \beta_1 x_i - \beta_0) = 0$$

となる．整理して，

$$\beta_0 n + \beta_1 \sum x_i = \sum y_i$$
$$\beta_0 \sum x_i + \beta_1 \sum x_i^2 = \sum x_i y_i$$

となる．この尤度方程式を行列で表すと，

$$\begin{pmatrix} n & \sum x_i \\ \sum x_i & \sum x_i^2 \end{pmatrix} \begin{pmatrix} \beta_0 \\ \beta_1 \end{pmatrix} = \begin{pmatrix} \sum y_i \\ \sum x_i y_i \end{pmatrix} \quad (4.3)$$

となる．式 (4.3) の係数行列はヤコビ行列 J であり，ヤコビアンの値は，

[2)] データによっては，$\ln y_i$ の対数リンク関数や $\beta_2 x_i^2 + \beta_1 x_i + \beta_0$ の線形予測子で表現するモデルも考えられる．

$$\Delta = |J| = n \sum x_i^2 - \left(\sum x_i\right)^2$$

なので，式 (4.3) を β_0, β_1 について解くと，

$$\begin{pmatrix} \beta_0 \\ \beta_1 \end{pmatrix} = J^{-1} \begin{pmatrix} \sum y_i \\ \sum x_i y_i \end{pmatrix} = \frac{1}{\Delta} \begin{pmatrix} \sum x_i^2 \sum y_i - \sum x_i \sum x_i y_i \\ n \sum x_i y_i - \sum x_i \sum y_i \end{pmatrix} \quad (4.4)$$

となる．表 4.1 のデータを式 (4.4) に代入し，β_0, β_1 を求めると，

$$\beta_0 = -1.71, \quad \beta_1 = 0.29 \quad (4.5)$$

となり，

$$y = 0.29x - 1.71 \quad (4.6)$$

が得られる[3]．式 (4.6) を使って各銀河の金属量を求め直すと図 4.2 は図 4.3 となり，よりばらつきが小さく正規分布 $N(0.0, 0.05)$ に近づく．すなわち近傍矮小銀河の金属量は，恒星質量も考慮に入れたモデルのほうがその性質をよく表していると言える．

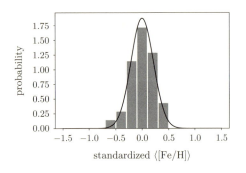

図 **4.3** 線形モデルを用いて求めた金属量の分布

一方，式 (4.6) は誤差を考慮しない最小 2 乗法から求められる直線モデルに

---

[3] 切片を恒星質量 $10^6 M_\odot$ で規格化しているので，$10^6 M_\odot$ のときの平均金属量 $\langle[\text{Fe/H}]\rangle$ が -1.71 dex である．この値は，式 (4.5) の標本平均と一致しているが，偶然である．

一致しており，矮小銀河の質量と金属量の散布図にプロットすると図 4.4 のような回帰直線が引ける[4]．最小 2 乗法は，データが正規分布に従うことを前提とした最尤推定法にほかならない．すなわち，データが正規分布に従わない場合，最小 2 乗法によるパラメータ推定を行うことができないので，データにあわせたリンク関数や線形予測子などによって新たにモデル化する必要がある．特に，正規分布以外の確率分布を扱うモデルを**一般化線形モデル** (generalized linear model) と呼び，最小 2 乗法によってパラメータ推定ができないので最尤推定法が重要となる．

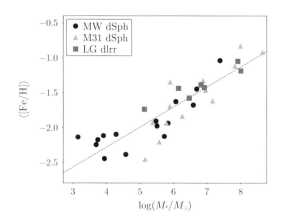

図 **4.4** 矮小銀河の質量と金属量の関係
破線は最尤推定法によって求めた線形回帰モデル．

4.3 ポアソン分布の最尤推定

最尤推定法は，最小二乗法と異なり，正規分布やポアソン分布など，どのような確率分布モデルにも適用できるので応用範囲が広い．どの統計モデルによって観測データを説明できるのか，あるいは統計モデルのパラメータはどのように決めるのかを統計解析と実際のデータの扱い方を対応させ，統計モデルのパラメータ推定について解説していく．2.9 節で使った超新星の年間発見個数の

---
[4] 誤差を考慮する場合は，σ を σ_i として偏微分方程式を解き，測定したそれぞれの誤差を σ_i に代入すればよい．

データを用いて，最尤推定法からポアソン分布のパラメータの推定を行ってみよう．

図 4.5 は，図 B.2 と同じデータを用いて確率分布に直した図である．元のヒストグラムも重ねて表示した．図には平均値が異なる 3 つのポアソン分布が表示されている．平均値が変わるとポアソン分布の形も変化することがわかる．63 個の超新星データ $X = \{x_1, x_2, \cdots, x_{63}\} = \{2, 0, \cdots, 3\}$ を使って，観測データがポアソン分布に従うと仮定したとき，データを最もよく表すパラメータ（平均値）を推定することを考えよう．

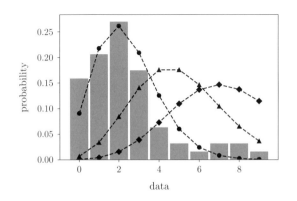

図 4.5 図 B.2 のヒストグラムを規格化し，確率分布として表示した図
平均値が異なる 3 つのポアソン分布を重ねてある．ポアソン分布の平均値はそれぞれ，● が 2.40，▲ が 5.00，◆ が 7.50 である．

平均値が 2.40 のポアソン分布のとき，$x_1 = 2$ となる確率 $f(\lambda = 2.40; x_1 = 2)$ を式 (2.3) より計算すると 0.261 である．同様に計算していくと，$f(\lambda; \boldsymbol{x}) = \{f(\lambda; x_1), f(\lambda; x_2), \cdots, f(\lambda; x_{63})\} = \{0.261, 0.091, \cdots, 0.209\}$ なので，尤度関数 $L(\lambda)$ は，

$$L(\lambda) = \prod_{i=1}^{n=63} f(\lambda; x_i) = \prod_{i=1}^{n=63} \frac{\lambda_i^x \exp(-\lambda)}{x_i!}$$
$$= 0.261 \times 0.091 \times \cdots \times 0.060 \times 0.209$$

となる．ただし，1 より小さい数を何度もかけ算することになり，計算機がア

ンダーフローを起こす可能性がある．それを回避するために，尤度関数は，しばしば

$$\ln L(\lambda) = \sum_{i=1}^{n=63} \left(x_i \ln \lambda - \lambda - \sum_{k=1}^{x_i} \ln k \right)$$

のような対数変換した対数尤度関数を使う．ある λ における対数尤度の計算は，さまざまな λ について対数尤度を計算することによって，図 4.6 のような対数尤度とパラメータ λ の関係を調べることができる．図を見ると，λ が 2.0 から 2.5 の間で，対数尤度が最大になる λ が見つかる．

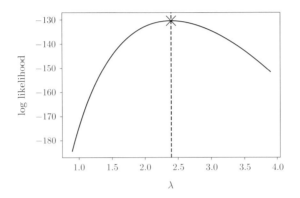

図 **4.6** 対数尤度とポアソン分布のパラメータ λ の関係
$\lambda = 2.40$ あたりに対数尤度のピークがある．

対数尤度が最大になる λ は，対数尤度関数の傾きがゼロになる点である．したがって，$\ln L(\lambda)$ の偏微分がゼロになる方程式を解けばよく，λ で偏微分すると，

$$\frac{\partial \ln L(\lambda)}{\partial \lambda} = \sum_{i=1}^{n=63} \left\{ \frac{x_i}{\lambda} - 1 \right\} = \frac{1}{\lambda} \sum_{i=1}^{n=63} x_i - 63 \qquad (4.7)$$

である．式 (4.7) がゼロになるときの λ を $\hat{\lambda}$ とすると，

$$\hat{\lambda} = \frac{1}{63} \sum_{i=1}^{n=63} y_i$$

であり，データを代入して計算すると $\hat{\lambda} = 2.40$ となる．これはデータの標本平

均に等しい[5]．

4.4 情報量規準 AIC による最適モデルの選択

前章まで測定データを関係づける法則などを予め解釈して確率密度分布モデルを決定し，そのモデルのパラメータを最小2乗法などによって推定することを想定してきた．しかし予め確率密度分布が知られていない，あるいはいくつか候補があるとき，どのモデルがもっともらしいかを考察する量として，カイ2乗メリット関数（式 3.7）や**赤池情報量規準** (Akaike's Information Criterion, **AIC**) がある．

自然現象の法則を真のモデルが知られていないとき，統計解析ではモデルを仮定する．仮定したモデルがどれほど真のモデルに近いかは真のモデルが知られていない限り知ることができない．そのため，いくつかのモデルを仮定して，どれが最も測定データをよく表すかは尤度を使って表すことができる．最尤法は尤度が最大となるパラメータのときが，最も真のモデルに近いと見なす．第1章では標本の個数が多いほど，パラメータの推定誤差は小さくなることを示した．最大尤度法にともなう誤差にはある種の偏りがあり，データの数を増やしても誤差は0に収束しない．

一方，たとえば1次式より2次式，2次式より3次式というようにパラメータの数を増やしていけば，観測値とモデルとの差は小さくなるが，必ずしもパラメータの数が多いモデルが真のモデルに近いかどうか定かではない．モデル間の相対的な評価の基準にパラメータの数を入れる客観的な基準が AIC である．AIC は

$$\mathrm{AIC} \equiv -2\ln\left(\text{最大尤度}\right) + 2n \tag{4.8}$$

と定義される．n はパラメータの数，最大尤度は前節で定義した尤度関数の最大値である．この式によると，パラメータ1個の増加は対数尤度1の増加に対応することを主張している．最尤法によって求めたパラメータの対数尤度は不

---

[5] 尤度が，ポアソン分布や正規分布など単純な確率分布であれば，尤度方程式から解析的に最尤推定量を求めることができるが，解析的に解けない場合，ニュートン法，最急降下法，EM 法 (expectation-maximization algorithm) などを用いて，数値的に最適解を求める．

偏性をもたない．すなわちその対数尤度は平均対数尤度に対してバイアスをもつ．式 (4.8) の第 2 項はそのバイアスを補正するものである．

AIC に似た情報量規準にベイズ統計に基づく**ベイズ情報規準** (Bayesian Information Criterion, **BIC**) がある．BIC は，k を標本数として，

$$\mathrm{BIC} \equiv -2\ln(\text{最大尤度}) + n\ln k \tag{4.9}$$

で定義されるが，詳しいことは省略する．AIC と BIC の導出は参考文献を参照されたい [23]．

例として，SDSS で定義されている測光システムと古くから使われている測光システムの相関を求める．図 4.7 は主系列星の観測による SDSS の色 ($r-i$) とジョンソン・モルガン測光システムに準拠したクロン・カズンズ (Kron-Cousins) 測光システムの色 ($R_C - I_C$) の相関である [6]．離散点から内挿して観測点のない予測値を求めるとき，連続した関数だと計算しやすい．そこで関係式を求めるために多項式 (4.10) を当てはめてみよう．ただし，多項式を用いるのは便宜上のことであって，色の相関を理論モデルで表すことは想定していない．

$$y = a_0 + a_1 x + a_2 x^2 + \cdots a_n x^n \tag{4.10}$$

一般に，モデルのパラメータを増やしていけばデータの細かな様子を反映できるので，高次の項を増やしていけば，カイ 2 乗値は小さくなることが予想される．しかしパラメータの数が多いほどよいモデルと言えるだろうか．パラメータ n の数を増やせば最大尤度の項は小さくなり，モデルによりよく当てはまるが，ある数を超えると AIC は大きくなりはじめる．AIC では数値が小さいモデルがよりよいモデルと定義する．ただし AIC が小さいからといって，真のモデルにふさわしいとは限らないことに注意が必要である．

また，小さな AIC の差が目的とする解析に果たして有意であるかの判断は解析する人に任されることも多い．図 4.7 はデータに 1 次式から 7 次式までの回帰モデルを最小 2 乗法によって求めた結果である．右図は各次数に対して式 (4.8) と式 (4.9) で計算した AIC と BIC の値の変化である．高次のものほど残差は少なくなるが，AIC，BIC はともに 5 次式が最小となり，それより高次のモデル

では改善されない．5次式以上では大きな違いはないが，これらの情報量規準では最小となる5次式のモデルが最もよいモデル（左図の実線）となる．ただし，観測点の間の内挿には問題ないが，図から明らかなように，観測の範囲外への外挿は意味がないことに注意が必要である．

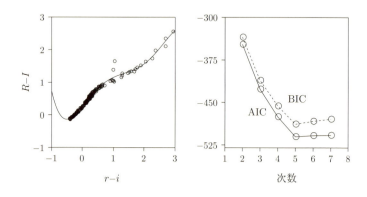

図 **4.7** 測光システムの変換式と情報量規準

5
パラメータのベイズ推定

5.1 天文学者が切り開いたベイズ統計学

　私たちはしばしば日常生活のなかで，新たに得られた客観的情報に基づいて元の考えを更新する．その結果，それまでとは異なる，より質の高い考えを得ることがある．このように「経験から学ぶ」を数学的に表現した法則が**ベイズの法則** (Bayes' theorem) である．ベイズの法則は1740年代にアマチュア数学者のトーマス・ベイズ (Thomas Bayes) によって発見された．しかし，ベイズは積極的にその法則を広めたわけではなかった．

　1770年代，フランスのピエール・シモン・ラプラス (Pierre-Simon Laplace) はニュートンの重力理論に魅了され，太陽系の安定性に関する天体力学の問題を観測データをもとに解こうとしていた．しかし，当時の観測は誤差が大きく，天文学者たちが同じ場所，同じ観測装置で測定を繰り返してもしばしばデータが異なった．中心極限定理が証明される以前であったため，平均値がよい推定値かどうかがはっきりしていなかった時代である．ラプラスはデータが得られたときの原因の確率について考え，天文学と確率を結びつける過程でベイズの発見した法則を体系づけ，最終的に一般化したベイズの法則を定式化するに至った[1]．

　A, B を2つの事象とし，$P(A) > 0$ が成り立っているとき，A の下での B の

---

[1] この法則に，ベイズの名前が付いたのはベイズの発見から200年後の1950年代のことであった．それまでは，「原因の確率」とか「逆確率」と呼ばれていた．

条件付き確率 (conditional probability) は

$$P(B|A) = \frac{P(A \cap B)}{P(A)}$$

と表される．これと全確率の公式

$$P(B) = \sum_{k=1}^{n} P(A_k) P(B|A_k)$$

から，互いに独立な事象を $A_1, A_2, \cdots, A_n$ とするとき，任意の事象 B に対して

$$P(A_i|B) = \frac{P(A_i) P(B|A_i)}{\sum_{k=1}^{n} P(A_k) P(B|A_k)}$$

と導き出される（第 1 巻参照）．これを**ベイズの公式** (Bayes' formula) と言う．

　この公式は結果から原因を推定する式とみなされる．全事象を分割する事象 A_i の確率 $P(A_i)$ は，B に関する試行を前提とせず，既知とする．すなわち $P(A_i)$ を**事前確率** (a priori probability) と言い，事前に見積もった原因が A_i であるという確率を表す．これに対して，$P(A_i|B)$ を試行の結果を知ったうえでの判断の確率，すなわち**事後確率** (a posteriori probability) と言う．事後確率はデータ B という結果が与えられたとき原因が A_i である確率である．事後確率を得るためには，事前に見積もった原因が A_i である確率値 $P_{事前}(A_i)$ とその A_i のもとでデータ B が得られる確率（尤度）[2]の値 $P_{尤度}(B|A_i)$ の積を，考え得るすべての原因 A_j の 1 つ 1 つのもとでデータ B が生じる確率の総和で割ればよい．

　このようにベイズの定理の意味は概念としては単純で，当初もっていた考えを新たに得られた客観的なデータによって，より正確な新たな考えに変えるだけのことである．ベイズの定理を使って再計算する場合には，すでに得られている事後確率が次回の事前確率となり，新たな情報が加わるたびに元の考えが更新され確信へと近づいていく．この過程を**ベイズ更新** (Bayesian update) と呼ぶ．ベイズ更新は，新たな観測データが得られるたびに理論が修正され真のモデルへと近づいていくことから，観測天文学の発展と親和性が高いと言える．

　一方，20 世紀初頭にフィッシャー，ネイマン，ピアソンらが数学的な確率論

---

[2] 尤度とは原因を仮定したときのデータの生成確率で，最尤法の尤度関数（4.1 節）と同じである．

を基礎に，有意性検定や最尤推定などいわゆる**頻度主義**（度数主義）統計学を確立させた．彼らが構築した総計学にはベイズ主義のような主観的な確率やあいまい性は含まれない．頻度主義統計学が席巻するなか，ケンブリッジ大学天文学部の教授で地球物理学者のハロルド・ジェフリーズ (Harold Jeffreys) は 1930 年代から 1940 年代にかけて，ラプラスのように地球や惑星の成り立ちを調べて，そこから太陽系の起源を解明しようとベイズの法則を発展させた．地震はまったく条件の異なる遠く離れた場所で起こることが多く，結論に影響を与える不確定要素の数が膨大であるため再現が難しい．そこでジェフリーズはベイズの定理を用いて地球のなかを進む地震波から地球の組成を予測しようとしたのである．

ベイズ主義に基づく**ベイズ統計学** (Bayesian statistics) が表舞台に出てくるまでさらに 40 年近くかかった．それは頻度主義統計学では扱えないような複雑なモデルにも応用できるが，そのためには難しい積分を解かなくてはならず，高性能な計算機が必要だった．1980 年代になると，コンピューターの性能が向上し，さらに**メトロポリス・ヘイスティングス法** (Metropolis-Hastings algorithm) や**ギブスサンプリング法** (Gibbs sampling) といった**マルコフ連鎖モンテカルロ法**（Markov Chain Monte Carlo methods, **MCMC 法**）[3] とベイズ統計学が結びつき，現在では数々の MCMC 法のソフトウェアが開発され，多分野でベイズ統計学が応用されている．ベイズの定理が保証する確率は離散的なものに限定せず，たとえば，5 等星から 6 等星までの間のすべての明るさの天体というように連続的なデータにも適用でき，現象のモデル化の自由さがベイズ統計学の発展の 1 つの要因である．

頻度主義統計学ではパラメータ（母数）は定数として扱われ，その定数で規定された確率分布から標本化されたデータの発生確率を調べる．一方，ベイズ主義統計学では，パラメータを確率変数として扱い，データからパラメータの分布を調べる．たとえば，前者ではサイコロの目の 1 つが出る確率を 1/6 の数学的確率として予め規定し，観測された結果から統計的な議論を行うのに対し，ベイズ統

---

[3] マルコフ連鎖はメトロポリス・ヘイスティングス法やギブスサンプリング法が発明される以前に，1906 年にロシアの数学者アンドレイ・アンドレヴィッチ・マルコフ (Andrey Andreyevich Markov) によって発明され，1930 年代に中性子の衝突現象を研究する核物理の分野で応用された．

計学ではサイコロの目の出る確率を変数として，その統計的確率を調べるものである．なおデータが独立であれば，ベイズ更新はデータの解析順序によらないことが保証される．これをベイズ統計学の**逐次合理性** (sequential rationality) と呼ぶ．本節では簡単な具体例をつうじて，(1) ベイズ統計学による推定の結果をどのように解釈するか，(2) ベイズ更新によってどのように**事後分布** (a posterior distribution) が影響を受けるか，(3) **事前分布** (a prior distribution) によってどのように事後分布が影響を受けるか，(4) ベイズ主義は頻度主義とどう違うか，について解説する．

5.2 ベイズ統計学の応用例

図 5.1 は，1950 年 1 月 1 日から 1989 年 12 月 31 日まで 40 年間の月ごとの超新星発見個数である．図を見ると 1 つも超新星が発見されていない月もあれば，1 カ月で 7 個の発見が報告されている月もある．データ数は 40 年の合計 480 カ月で，

$$Y = \{y_1, y_2, \cdots, y_i, \cdots, y_{480}\} = \{0, 2, \cdots, 7\}$$

のような各月の超新星の発見個数を表すデータである．そのうち 1 つ以上超新星が発見された月は 328 カ月である．したがって，1 カ月で超新星が発見されるか否かの確率の最尤推定値はただちに 68.3%と求まる．

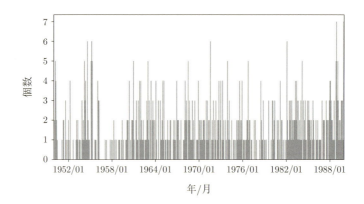

図 **5.1** 1950 年 1 月から 1989 年 12 月まで，40 年間におよぶ月ごとの超新星の発見個数

以下ではベイズ統計学を用いてこのデータから超新星が1カ月に発見される確率 p を推定してみよう．超新星が発見されたか，発見されなかったかの問題は，コインの表裏と同じベルヌーイ試行列（2.4.5 項）で考えることができるので，確率分布 $f(y_i|p)$ はパラメータ p を使って，

$$\begin{cases} f(y_i > 0|p) = p \\ f(y_i = 0|p) = 1-p \end{cases}$$

と表すことができる．発見確率 p は，区間 $[0,1]$ の値をとるので，その事前分布はベータ分布

$$Bp(p|\alpha,\beta) = \frac{p^{\alpha-1}(1-p)^{\beta-1}}{B_e(\alpha,\beta)}$$

となる（2.4.8 項）．ここで，$B_e(\alpha,\beta)$ は形状母数 α,β のベータ関数である．$\alpha > 0, \beta > 0$ とする．ベータ関数は，後で説明するように，事後分布も同じ関数形になる自然な共役分布（下記参照）の性質を持つので都合がよい．ベータ分布に従う確率変数の基本統計量は，

$$\text{期待値} = \frac{\alpha}{\alpha+\beta} \tag{5.1}$$

$$\text{分散} = \frac{\alpha\beta}{(\alpha+\beta)^2(\alpha+\beta+1)} \tag{5.2}$$

$$\text{最頻値} = \frac{\alpha-1}{(\alpha-1)+(\beta-1)} \tag{5.3}$$

である．

仮に，1950 年 1 月 1 日における超新星の発見，未発見の確率を同じとしよう．すると，$\alpha = 2, \beta = 2$ のベータ分布

$$Bp(p|2,2) = \frac{p(1-p)}{B_e(2,2)} \tag{5.4}$$

を事前分布として選ぶことができる[4]．式 (5.4) で表されるベータ分布は，図 5.2 の $n = 0$ の破線の確率分布となる一方，尤度関数は，1950 年 1 月は超新星が未

---

[4] 1948 年と 1949 年の 2 年間のデータを見ると約 8%程度なので，そのようなベータ分布を選んでもよい．

118 第 5 章 パラメータのベイズ推定

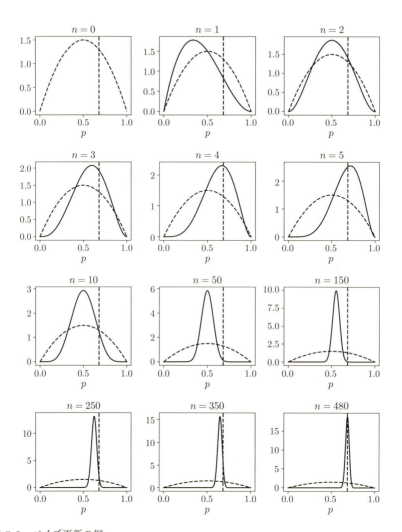

図 5.2 ベイズ更新の例

データを加えるにつれて，事後分布のピーク位置や高さ，そして分布幅が変化していくのがわかる．$n = 0$ がデータを何も加えていない状態で，$n = 1$ が最初のデータから尤度関数をかけ算したときの事後分布である．データを更新すると，480 カ月分 ($n = 480$) の事後分布が得られる．比較のために各パネルに事前分布として適用したベータ分布 $Be(2, 2)$ を破線で示し，頻度主義によって得た最尤推定値を縦の破線で示す．

発見だったため,

$$f(y_1 = 0|p) = 1 - p$$

である. したがって, ベイズの定理より, 1950年1月の事後分布は, 全確率が1とする条件の規格化定数を用いると,

$$事後分布_{1950/01} = \frac{f(y_1 = 0|p) \times Bp(p|2,2)}{規格化定数} = k_1 p(1-p)^2 \quad (5.5)$$

と表される. ここで, k_1 を規格化定数とベータ分布のベータ関数 $B_e(2,2)$ の値をまとめた定数とする. なお, 式 (5.5) は $\alpha = 2, \beta = 3$ のベータ分布 $Bp(p|2,3)$ に等しい. この事後分布を図示すると図 5.2 の $n = 1$ の実線のような確率分布となり, 未発見だった分, 事前分布に比べて左寄りになったのがわかる.

次に, 1950年2月は2個の超新星が発見されているので, 尤度は

$$f(y_2 = 2|p) = p$$

である. ベイズ更新によって1950年1月の事後分布が1950年2月の事前分布となるので, 1950年2月の事後分布は,

$$事後分布_{1950/02} = \frac{f(y_2 = 2|p) \times 事後分布_{1950/01}}{規格化定数}$$
$$= k_2 p^2 (1-p)^2 = Bp(p|3,3)$$

である. その分布の形状は, 図 5.2 の $n = 2$ の実線である. 今度は超新星が発見されたので, 再び分布のピーク位置が前月よりやや高くなったのがわかる. 以降, 同様にベイズ更新によって40年分の毎月のデータによって事後分布を更新していくと, 最終的に $n = 480$ の事後分布となる. データが少ないときは新たなデータによってベイズ更新するたびに事後分布が大きく変化するが, データが多くなると, 1つデータをつけ足してベイズ更新しても確率分布への影響が少なくなることがわかる.

事後分布は事前分布によって強く影響されることに注意が必要である. 1950年1月1日における超新星の発見, 未発見の確率が異なると考えてみよう. 図 5.3 は, α, β の値が異なる4種類のベータ分布の事前分布を用いると, ベイズ更

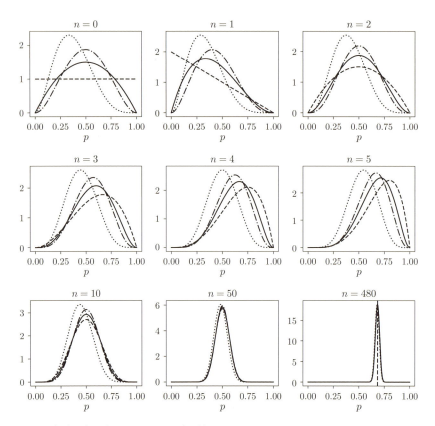

図 5.3 事前分布の違いによるベイズ更新の例
それぞれの線種はベータ分布 $Be(\alpha,\beta)$ の α,β の違いを表し,実線が $\alpha=2,\beta=2$,一点鎖線線が $\alpha=3,\beta=3$,点線が $\alpha=3,\beta=5$ の場合である.$\alpha=1,\beta=1$ の一様分布を破線で示す.

新によって事後分布がどのように変化するかを示している.データ数が少ない段階では事後分布がかなり違う形をしているが,ベイズ更新を繰り返していくと $n=50$ ではほとんどの分布が一致し,最終的に $n=480$ では最尤推定値と一致しているのがわかる.したがって,データ数が限られている場合は,事前分布の選び方は特に慎重にならなければならない.最終的に得られた $n=480$ の事後分布は,$\alpha=330,\beta=154$ のベータ分布 $Bp(p|330,154)$ に従う.式 (5.1),

式 (5.2), 式 (5.3) より, 平均値は 0.68, 標準偏差は 0.02, 最頻値は 0.68 である.

事前分布と尤度をかけて求めた事後分布が事前分布と同じ関数形になる分布を**自然な共役分布** (natural conjugate distribution) と言う. 一般に, 尤度と共役の関係にある事前分布を選ぶと事後分布も事前分布と同じ形になり, 計算しやすい. よく知られた自然な共役分布には表 5.1 のようなものがある.

表 **5.1** 自然な共役分布関数

事前分布	尤度	事後分布
ベータ分布	二項分布	ベータ分布
正規分布	正規分布	正規分布
逆ガンマ分布	正規分布	逆ガンマ分布
ガンマ分布	ポアソン分布	ガンマ分布

ここで仮に事後分布の代表値として最頻値を選ぶと, 分布関数の最大値を与える点なので, **最大事後確率推定**（Maximum A Posteriori, **MAP 推定**）と呼ぶ. MAP 推定は事後確率が最大となる原因を真の原因と推定する方法であり, 最尤法による推定法と同一の考え方である. たとえば, 事前分布として一様分布を選んだときの MAP 推定値は, 最尤法によって推定した最尤推定値と一致する. しかし, 最尤推定とベイズ推定は統計学における考え方が異なるのでその解釈も異なる. MAP 推定の特徴は確率計算に事後確率を用いる点にある. すなわち, 頻度主義をもとにした最尤推定では確率が最大となる一点を求めることが目的であるが, ベイズ主義によるベイズ推定ではあくまで確率分布全体をあらわにすることが目的であり, MAP 推定は最尤法の一部と考えられ, ベイズ推定で推定できる 1 つの側面に過ぎない.

ベイズ推定で得られた結果の意味は事後分布からのランダムサンプリングによって解釈できる. たとえば, $n = 480$ における事後分布 $Be(330, 154)$ から乱数を生成してみよう. 10 万個の疑似乱数データを作り, ヒストグラムを描くと図 5.4 のようになる. このように事後分布のランダムサンプリングによって得られる分布を**事後予測分布** (posterior predictive distribution) と呼ぶ. 事後予測分布の結果は, 記述統計量と比較すると理解しやすい. MAP 推定値以外に分

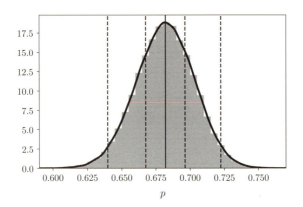

図 5.4 事後分布からランダムサンプリングによって得られたデータのヒストグラム
縦の実線は，EAP 推定値で，この事後分布の場合，MED や MAP 推定値ともほぼ一致している．縦の破線は左から 2.5%, 25%, 75%, 97.5%パーセンタイル値を示している．

布の記述統計量の平均値や中央値に相当する代表値として選ぶこともできる．たとえば，**事後期待値** (Expected A Posteriori, **EAP**) や**事後中央値** (MEdian Posteriori, **MED**) はランダムサンプリングしたデータから簡単に計算できる．表 5.2 はその統計量をまとめた結果であり，STD は事後分布の標準偏差で，パーセント表示の項目はパーセンタイル値である．パーセンタイル値を使えば，区間推定を行うこともできる．たとえば，2.5%と 97.5%の値を参照すれば，95%確信区間 (credible interval)[5] を [0.64, 0.72] と定義することができ，パラメータ p が 95%の確率で固定されたこの区間に入っていると解釈することができる．また，代表値として EAP を採用すれば，$p_{\mathrm{EAP}} = 0.68 \pm 0.04$ と統計誤差を付けることができる．

表 5.2 ベイズ推定による代表値

EAP	STD	2.5%	25%	50%(MED)	75%	97.5%
0.68	0.02	0.64	0.67	0.68	0.70	0.72

---

[5] 信用区間とも呼ぶ．これに対して，頻度主義の区間推定で出てくる区間は信頼区間と呼ばれる．

従来の頻度主義統計学になじんだ読者であれば，第 3 章の記述統計に基づく区間推定を行うときの信頼区間を思い起こすことだろう．ここで，95%信頼区間を求めるには，標本数が十分大きいので正規分布で近似し，パーセント区間を求めればよい．すなわち，最尤推定量 ($\hat{p} = 0.68$) と標準偏差 ($\sigma = 0.02$)，および標準正規分布の 2.5%点 ($z_{0.025}$)，97.5%点 ($z_{0.975}$) を用いて，95%信頼区間は

$$[\hat{p} + z_{0.025}\sigma,\ \hat{p} + z_{0.975}\sigma]$$

と書ける．その結果，95%信頼区間は [0.64, 0.72] と求めることができる．

さて，ここで求めた 95%確信区間と 95%信頼区間は一致しているがその解釈は異なっているので注意する必要がある．ベイズ主義で求めた確信区間の場合，パラメータ p 自体が確率変数となって分布することから，区間 [0.64, 0.72] の間に p が存在する確率が 95%であると解釈することができる．すなわち，平均値 $\hat{p}$ の確率密度分布を求めることができる．

一方，頻度主義に基づく記述統計においては母集団のパラメータは全数調査でない限り未知であり，代わりにサンプルの不偏量である平均値 $\hat{x}$ や不偏分散 u を用いて信頼度を検定する．母集団の平均値 μ は未知だが，ある決まった数である．分布するのはパラメータ μ ではなく，$\hat{x}$ や u であり，信頼区間自身が確率的に変動する．ベイズ統計ではたとえば，1000 個の 95%信頼区間は，平均的に 950 個の割合で $\hat{x}$ を含むことになるので，区間 [0.64, 0.72] も $\hat{x}$ を含んでいることが期待できると解釈する．

図 5.5 と図 5.6 は，それぞれベイズ主義に基づく結果と，頻度主義に基づく結果を示した図である．それらを見ると，両者の結果はサンプル数が少ないところでは点推定および区間推定の結果に違いが見られるが，サンプル数が大きくなるにつれて両者の結果は一致する．図 5.7 はサンプル数の少ないところを拡大した両者の結果を比較した図である．頻度主義の結果では超新星が発見されない限り確率がゼロであるが，ベイズ主義の場合超新星が，もしその区間で発見されていなくても，発見された経験があるという事前情報をもとに確率がゼロではないのが特徴的である．

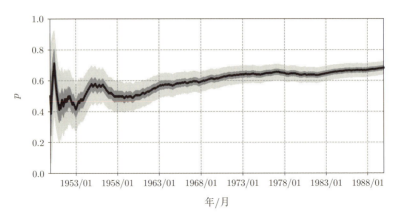

図 5.5 ベイズ主義に基づく推定結果
グレーの領域が 95%と 50%の確信区間.

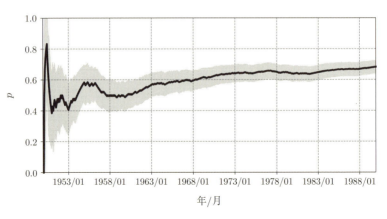

図 5.6 頻度主義に基づく点推定と区間推定（95%信頼区間）の結果

5.3 マルコフ連鎖モンテカルロ法

　前節で単純な例をつうじてベイズ推定の結果とその解釈について考察したが，実際のデータ解析において単純なモデルに帰着できることはまれである．自然現象について詳細に理解しようとすればするほど，現象が非線形，あるいはモデルを説明するためのパラメータがいくつも必要となり，事後分布は複雑になる．複雑な事後分布は，高次積分を必要とする規格化定数が含まれ，解析的に

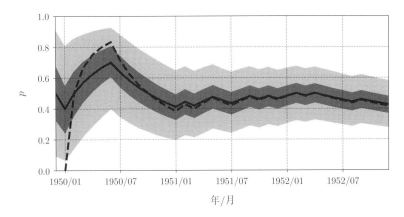

図 5.7 図 5.5 と図 5.6 を拡大した図
実線がベイズ主義に基づく推定結果，グレーの領域が 95%と 50%の確信区間である．一方，破線は頻度主義に基づく点推定の結果である．

パラメータを推定することはきわめて困難になる．本章では，その困難を解決する手段の 1 つとして，5.1 節のベイズ統計学の歴史で紹介したマルコフ連鎖モンテカルロ法（MCMC 法）を紹介する．ただし，MCMC 法を使用することがベイズ推定を行うこととは限らない．MCMC 法を用いた計算をしても，導いた事後分布をベイズ主義に依拠した解釈をしていなければベイズ統計とは言えないからである．なお，MCMC 法は統計物理学や頻度主義統計学のなかでも使用され，ベイズ推定を行う計算法の 1 つである．ベイズ推定のそのほかの計算方法としては，ラプラス近似，カルマンフィルタ (Kalman filter)，逐次モンテカルロ，変分ベイズ法などがあるが，本書では省略する．

5.3.1 マルコフ連鎖

ベイズ推定の目的は事後分布の形をあらわにすることであり，それは標高がわかる地形図を作ることに似ている[6]．標高図を作るためには，パラメータ空間内をくまなく歩きまわればよい．そのためにはどの地点に行くかを決めなければならないので，乱数を使っておもむく地点を次々と決定していく．乱数を使った

---

[6] 標高の高低が確率の高低を表していると考える．

計算方法を一般的に**モンテカルロ法**と呼んでいる．モンテカルロ法は，与えられた関数を再現するように点列を抽出し，関数の積分をこれら抽出された点の和に変換する技法である．しかし，単純にランダムに探索するのは効率が悪いので，**マルコフ連鎖**という方法を取り入れる．マルコフ連鎖とはランダムウォーク（酔歩，酔っ払った人の歩きで次の一歩はその手前の位置だけに関係して，それより以前の位置には関係しない）を一般化したもので，次にどのように動くかは現在の状況のみに依存して，過去の状況とは無関係の確率過程である．すなわち，あるパラメータ X が X_t のとき[7]，X_{t+1} に遷移する確率が $p(X_{t+1}|X_t)$ で規定される過程である．特にこの条件付き確率を**遷移確率** (transition probability) または**遷移カーネル** (transition kernel) と呼ぶ．

5.3.2 メトロポリス法

図 5.8 のように確率分布の山の中腹 X_t にいるとする．このとき，次のステップ X_{t+1} を確率的に決めることを考えたい．そのためにまず X_{t+1} の候補として $X_{候補}$ を考える．$X_{候補}$ は，大きく次の 2 つに分けられる．地点 X_t での事後確率を $P(X_t|D)$，地点 $X_{候補}$ での事後確率を $P(X_{候補}|D)$ としたとき，

$$P(X_{候補}|D) \geq P(X_t|D), \quad P(X_{候補}|D) < P(X_t|D)$$

のどちらかを満たす $X_{候補}$ である．前者では，$X_{候補}$ が X_t より山頂に近く，後者ではその逆で $X_{候補}$ は X_t より山頂から遠い地点である．

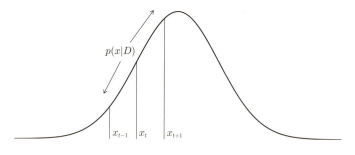

図 5.8　メトロポリス法

[7) 添え字の t は，t 番目のステップを意味する．

もし $P(X_{候補}|D) \geq P(X_t|D)$ であるならば，無条件で $X_{t+1} = X_{候補}$ として X_t から X_{t+1} へ移動する．逆に，$P(X_{候補}|D) < P(X_t|D)$ のときは，確率

$$r = \frac{P(X_{候補}|D)}{P(X_t|D)}(0 < r < 1) \tag{5.6}$$

で，$X_{t+1} = X_{候補}$ として，X_t から X_{t+1} へ移動する．この方法を**メトロポリス法** (Metropolis method) と呼ぶ．r は**メトロポリス比**とも呼ばれ，区間 $[0, 1]$ で発生させた一様乱数 $\mathcal{U}(0,1)$ と比較して，$r > \mathcal{U}(0,1)$ が満たす条件となる．逆に，確率 $1-r$ で，$X_{t+1} = X_t$ として，X_t にとどまる．

基本的にはこの作業を繰り返していけばよいが，問題点が1つ残っている．それは，「$X_{候補}$ をどのように選べばよいのか」という問題である．マルコフ連鎖において，

$$X_{候補} = X_t + \epsilon$$

としたとき，「ϵ をどのように選べばよいのか」という問題と同じである．選び方には十分に検討しなければならないが，たとえば ϵ を平均 0，分散 σ_e^2 の正規分布 $N(0, \sigma_e^2)$ で選んだとすれば，

$$X_{候補} = X_t + \epsilon = X_t + N(0, \sigma_e^2) = N(X_t, \sigma_e^2)$$

となる[8]．

5.3.3 マルコフ連鎖の挙動

MCMC 法を使って確率分布の全体像を把握するというのはどういうことか，以下で実例を示そう．全体像を把握したい確率分布を平均 0，標準偏差 1 の既知の正規分布 $N(0,1)$ とする．特に，MCMC 法によって全体像を明らかにしたい分布を**目標分布**と呼ぶ．ベイズ推定では目標分布は事後分布である．初期値 X_0 と歩幅 ϵ の選び方でメトロポリス法の挙動がどのように変わるかを示したのが図 5.9（トレース図）である．各チェーンは，次の3つにまとめられる．

---

[8] ϵ は対称分布であれば，一様分布 $\mathcal{U}(-\delta, \delta)$ などでもよい．

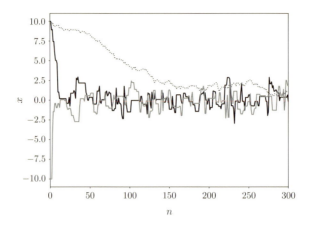

図 5.9 マルコフ連鎖のトレース図
3つのチェーンは初期条件や歩幅が異なっているが，ステップ数が増えるにつれて $X = 0$ に向かっている．

黒実線 $X_0 = 10.0, \quad \epsilon = N(0, \sigma_\epsilon^2 = 1.5^2)$

灰実線 $X_0 = -10.0, \quad \epsilon = N(0, \sigma_\epsilon^2 = 1.5^2)$

灰点線 $X_0 = 10.0, \quad \epsilon = N(0, \sigma_\epsilon^2 = 0.4^2)$

黒実線と灰実線は歩幅の設定は同じであるが，初期値の設定が異なる．それぞれ異なる地点から出発するが，どちらもしだいに $X = 0$ に近づく，いったん近づいた後は $X = 0$ の周りをうろついている．このような状態を収束すると言い，収束したマルコフ連鎖を定常分布と呼ぶ．また，定常分布に収束するまでの期間を**バーンイン (burn-in) 期間**または**ウォームアップ (warm-up) 期間**と呼び，この例の場合，n がおよそ 0 から 50 までがバーンイン期間であると言える．バーンイン期間の決め方は，チェーンの全体を目で見て判断するのが安全で，定量的に決めることは難しい．なぜなら，事後分布の形やチェーンの設定など不確定な要素が多く，収束を予測することは難しいからである．たとえば，灰点線のように，歩幅を短く設定すると，その分定常分布に近づきにくく，先ほどバーンイン期間として選んだ $n = 50$ は適切ではない．

最終的に，バーンイン期間を捨てることによって，定常分布からのランダムサ

ンプリングを得ることができ，そのデータは事後分布に等しい．たとえば，黒実線と灰実線の2つのマルコフ連鎖について，10万回サンプリングし，はじめの200個をバーンイン期間として破棄すれば，99,800個の擬似乱数がデータとして得られる[9]．そのデータをヒストグラムとして描けば，図5.10の事後分布が得られる．黒実線のデータは，平均0.00788，分散0.99464，灰実線のデータは，平均0.00798，標準偏差1.00702であり，どちらも最初に事後分布として設定した正規分布 $N(0,1)$ と矛盾はない．

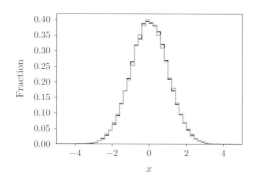

図 5.10 図5.9の黒と灰色の実線のチェーンからバーンイン期間を消去した擬似乱数のヒストグラム．どちらも目標分布を再現している．

マルコフ連鎖の理想的な歩幅の選び方は，絶対的な基準があるわけではなく，試行錯誤で最適なマルコフ連鎖を見つけるしかない．たとえば，歩幅が短すぎればいつまでたっても収束しない．逆に歩幅が大きすぎると確率分布の山を簡単に飛び越えてしまい採択率（受容率）が極端に低くなる．また，場合によってはチェーンの変動に周期性が生じる．これは，前述したように，MCMCから抽出される標本は，独立ではなく相関を示すからであり，相関が強いと適切なランダムサンプリングをすることができない．しかし，**自己相関関数** (autocorrelation functions, **ACFs**) は，この問題を考えるうえで1つの目安になる．ACFs, ρ_h は，

---

[9] 前段落で見積もったバーンイン期間より大きい値を採用しているが，重要なのは定常分布であるので，残ったサンプリングデータが十分あれば問題はない．

$$\rho(h) = \frac{\sum_{t=1}^{T-h}(X_t - \overline{X})(X_{t+h} - \overline{X})}{\sum_{t=1}^{T}(X_t - \overline{X})^2}$$

で与えられる相関係数である．ここで，$\overline{X} = \sum X_t/T$ で，X_{t+h} は，X_t を h だけずらしたことを意味し，特に，ずれ h を Lag と呼ぶ．

図 5.11 に，異なる σ_ϵ を選んだとき，Lag と ACFs の関係がどのように変化するのかについて示した．図から $\sigma_\epsilon = 1.5$ 程度が Lag が小さくても自己相関が弱いが，σ_ϵ の値にかかわらず，Lag を大きくしても自己相関が強い傾向であることがわかる．また，図 5.11 の各 σ_ϵ に対応する採択率は，上から順に 46%，92%，70%，30%，5% である．一般に，高次元モデルだと，採択率は 25% くらいがよいとされ，本節の例のような 1 次元や 2 次元のモデルだと，50% くらいがよいとされる．

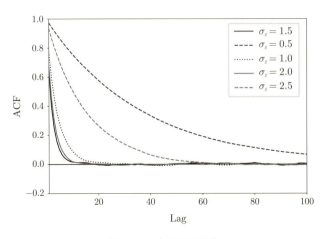

図 **5.11** 自己相関関数

より適切な σ_ϵ を選んだとしても，マルコフ連鎖は独立ではないため，小さい Lag では自己相関の高い状態になりやすい．これを回避するためには MCMC から標本を抽出するときに間引きを行うとよい．たとえば，図 5.11 を見ながら相関係数が小さくなる最小の Lag を見つけ，Lag の数だけ間隔を開けてサンプリングする．ただし，間引くと自己相関の点では改善するが，間引きによる少な

いサンプルより，間引かない多数のサンプルのほうが精度が上がることがあるので注意が必要である．

5.3.4 いろいろな MCMC 法

この節では，4.2.2項で取り扱ったデータへの線形モデルの当てはめを実例にして，いくつかの MCMC 法の紹介を行う．そのほかの方法については専門書を参照されたい．以下では各 MCMC 法に共通する事例の前提条件を示す．この例で求めたいパラメータは，回帰直線の切片 β_0 と傾き β_1 である．データの誤差を考慮に入れる場合，尤度関数は，標準偏差がデータによって変わると見なすことによって，

$$L(X, Y | \beta_0, \beta_1) = \prod_{i=1}^{N} \frac{1}{\sqrt{2\pi\sigma_i^2}} \exp\left\{-\frac{(y_i - \beta_1 x_i - \beta_0)^2}{2\sigma_i^2}\right\} \quad (5.7)$$

と書ける．ここで $\sigma_i = \sqrt{\sigma_{y_i}^2 + (\beta_1 \sigma_{x_i})^2}$ である．σ_i は x と y，両方の誤差を考慮に入れたモデルを採用している．ベイズの定理より事後分布は，

$$f(\beta_0, \beta_1 | X, Y) \propto L(X, Y | \beta_0, \beta_1) f(\beta_0) f(\beta_1)$$

となる．$f(\beta_0), f(\beta_1)$ は，パラメータ β_0, β_1 の事前分布である．ここではパラメータに対する制限はないので，無情報の事前分布として一様分布を仮定する．その結果，MCMC 法により求めるべき目標分布は，尤度関数と同じ形になるので，データを与えた式 (5.7) のパラメータ β_0, β_1 を以下で紹介する MCMC 法によって更新していけばよい．

(1) メトロポリス・ヘイスティング (M-H) 法

マルコフ連鎖が定常分布へと収束するためには次の3つの条件が重要である．

1. **既約性**：あらゆる出発地点から有限回のステップで，目標分布におけるあらゆる地点に到達可能であること．たとえば，A 地点にはたどり着けるけど，どうやっても B 地点にはたどり着けないなどのアルゴリズムは不適切である．

2. **非周期性**：連鎖が規則的な変動をしないこと．たとえば，A 地点の次は必

ず B 地点に移動するといった規則性がないことである.
3. **正再帰性**：初期値だけでなく，そののちのサンプリングにおいても同じ定常分布からサンプリングされること．すなわち，定常分布からサンプリングされる地点は何度もサンプリングされることが可能であることを意味する．

MCMC 法では，定常分布は目標分布として既知であるので，このような定常分布へと収束するように遷移確率を選べばよい．正再帰性条件よりステップ間の可逆性が保証されなければならない．マルコフ連鎖における可逆性を考えるために図 5.12 のような目標分布の移動を考え，分布を登るステップと下るステップが等しい，すなわち，

$$p(X_t|D)p(X_{t+1}|X_t) = p(X_{t+1}|D)p(X_t|X_{t+1})$$

が成り立つことによって，ステップ間の可逆性が保証される．この条件を，詳細釣り合い条件と呼び，この条件が成り立っていれば，マルコフ連鎖は定常分布へと収束するので，詳細釣り合い条件は定常分布へと収束するため十分条件である．ここで，$p(X_{t+1}|X_t)$ は，遷移確率（遷移カーネル）である．

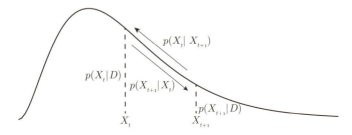

図 **5.12** メトロポリス・ヘイスティング (M-H) 法

したがって，詳細釣り合い条件を満たすようなステップと遷移確率 $p(X_{t+1}|X_t)$，を選べば定常分布へと収束する．しかし，いきなり適切な遷移確率を見つけるのは難しいので，代わりに提案分布 $q(X_{候補}|X_t)$ を定義する．そして，5.3.2 項と同様にメトロポリス比 r（式 5.6）を導入し，

$$r = \frac{p(X_{候補}|D)q(X_t|X_{候補})}{p(X_t|D)q(X_{候補}|X_t)}$$

を考える．もし，$r \geq 1$ なら，無条件で $X_{t+1} = X_{候補}$ とする．一方，$r < 1$ の場合，確率 r で，$X_{t+1} = X_{候補}$ とし，確率 $1 - r$ で，$X_{t+1} = X_t$ とする．このステップをまとめると，採択確率 $\alpha(X_t, X_{候補})$ として表され，

$$\alpha(X_t, X_{候補}) = min(1, r) = min\left(1, \frac{p(X_{候補}|D)q(X_t|X_{候補})}{p(X_t|D)q(X_{候補}|X_t)}\right)$$

のように書ける．

M-H 法のアルゴリズムを整理して手順をまとめると次のようになる．

───── M-H 法のアルゴリズム ─────

1. 初期化：X_0 に適当な初期値を代入．$t = 0$ を設定する．
2. 提案分布 $q(X_{候補}|X_t)$ から $X_{候補}$ をサンプリングする．
3. メトロポリス比 r を計算する．
4. $[0,1]$ の一様乱数から u を発生させる．
5. $u \leq r$ なら，$X_{t+1} = X_{候補}$ とし，それ以外のときは，$X_{t+1} = X_t$ とする．
6. t を 1 増やして，2 に戻る．

(2) ギブスサンプリング法

現実のパラメータ推定の問題では，しばしば複数のパラメータを取り扱う．推定したいパラメータが多くなればなるほど MCMC 法はより困難になる．複数パラメータを扱う MCMC 法の代表的な例として本節では，M-H 法の一種である**ギブスサンプリング法**のアルゴリズムを紹介する．推定したいパラメータが 2 つある場合，2 つ同時に更新するのではなく，最初はどちらかのパラメータを定数だとみなして，もう一方のパラメータを更新する．この作業を繰り返していくことによって，事後分布からのランダムサンプリングを行う．前節の M-H 法の場合，ステップの候補を選んでそれを評価し，移動するかどうかを決める方針であった．ギブスサンプリング法の場合，固定されたパラメータの確率分布からサンプリングをして，次のステップを決める．ギブス法のアルゴリズムを整理して手順をまとめると次のようになる．

―――― ギブスサンプリング法のアルゴリズム ――――

1. 初期化：β_0, β_1 に適当な初期値を代入．$t = 0$ を設定する．
2. $p(\beta_0|\beta_1^t)$ から β_0^{t+1} をサンプリングする．
3. $p(\beta_1|\beta_0^t)$ から β_1^{t+1} をサンプリングする．
4. t を1増やして，2に戻る．

　ギブスサンプリング法を単独で使う例は少なく，メトロポリス法とギブスサンプリング法を組み合わせた手法が使われる．そのほかにも多数 MCMC 法があるが専門書を参照されたい．

―――― コラム（ノイズとの戦い） ――――

　天文学はノイズとの戦いである．宇宙の果ての銀河が発する赤外線の強さは地球大気からの赤外線放射の1万分の1しかない．筆者 (TI) らのグループはそんな銀河のかすかな信号を観測するために，すばる望遠鏡に搭載する赤外線撮像分光装置 MOIRCS（モアックス）を開発した．悩まされるのはいつもノイズだ．MOIRCS を初めてすばる望遠鏡に取り付けて観測した晩，赤外線センサーの読み出しノイズがなんと20倍も大きかった．センサーの読み出し回路は筆者が開発したが，これでは信用をなくす．実験室ではうまくいっていたので，そんなはずはないと，何日もかけて，マウナケア山頂のすばる望遠鏡ドームの中でノイズ源を調査したところ，なんと，MOIRCS に取り付けた安物のスイッチング電源から強烈なノイズが出ているのを見つけた．安く装置を開発するという方針だったが，総経費数億円の装置に対して，メンバーの1人がたった2-3千円を節約したのが災いした．その部品を交換したところ，一挙に目標のノイズまで下がってほっとした．誰も見たことのない宇宙を観測するために，いつもノイズとの戦いである．もちろんソフトウェアでノイズを除去する技術は必要だ．しかし，ハードウェアのノイズ源を断つこと，残ったノイズの性質を知ることがデータ解析と統計処理にとって重要だ．

6

天体画像の誤差

　画像から得られる様々な天体やそれに関連するデータから，統計手法を用いて有意な情報を得るためには，天体観測や画像に潜む誤差についての正しい理解が不可欠である．本章では光や赤外線撮像装置で得られる天体画像に特有の偶然誤差や系統誤差を詳しく解説する．

　光子を検出し，それを情報として用いる天文学の分野において，望遠鏡で集められた光子は観測装置の光学系やフィルター，分光の場合には分散器を通って，CCDなどの光センサーに電子の信号として変換される．光子の数に比例する電子のかたまりはアナログ信号となって，増幅回路を通り，アナログからディジタル信号に変換され，コンピュータなどの記憶装置に記録される．こうして記録された信号には望遠鏡や観測装置，電気・電子回路特有の性質によって，さまざまな雑音による偶然誤差や系統誤差が蓄積される．図6.1はそのデータの流れを図示したものである．

　ディジタル化されたデータはパソコンなどによって記録装置に保存される．この未処理のディジタルデータを**生データ** (raw data) と呼ぶ．生データには観測装置固有の系統誤差を取り除くデータ処理（本巻では**1次処理**, basic image processing, と呼ぶ）が必要である．1次処理のためには装置の構造や性能を熟知していなければならず，一般に装置の開発者が室内実験や試験観測などにより装置由来の誤差を調べておく．たとえば，光子の数が少ないときや光子の数がCCDの飽和電荷量に近いときなど，望遠鏡に入射した光子の数とディジタルデータの比例関係がずれることが多い．このずれを予め実験によって求めて

第6章 天体画像の誤差

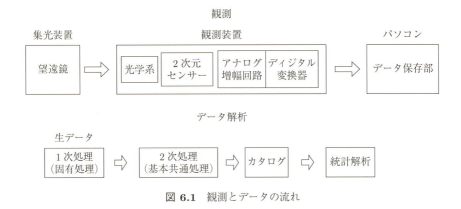

図 6.1 観測とデータの流れ

おけば，観測データに補正を加えることで，正しい光子数を知ることができる．ディジタル信号は必ずしも光子と同じ統計分布に従うとは限らない．そのため，ディジタル信号から光子数に換算する**ゲイン**(gain) という増幅率を予め実験によって求めておく必要がある．**熱雑音**（ダークノイズ，dark noise）の補正，感度補正（フラット化，flatenning），波長較正，画像のゆがみ補正なども1次処理に含まれるが，観測者が誤差の評価のためのデータを取得して解析することも多い．

　ハッブル望遠鏡やすばる望遠鏡なども生データを**アーカイブデータ** (archive data) として公開しているので，生データから解析を進めることは可能だ．しかし装置固有の雑音は装置のユーザーマニュアルには書かれていないことが多い．また技術資料には詳しく書かれても，一般の観測者がそれを読む機会はほとんどない．装置固有の性質を理解する必要があり，一般に解析は困難である．そこで，1次処理の済んだ画像データをアーカイブして公開している場合も多い．

　アーカイブされた画像データを，汎用あるいは自作の解析ソフトを使って，天体の明るさや位置などの情報を引き出しカタログにする．この過程をここでは**2次処理**と呼ぶことにする．2次処理の過程でもさまざまな偶然誤差や系統誤差が入りこむことがある．天文学は多様な天体が対象であり，さまざまな電磁波で観測されるので，それぞれの研究分野で解析用ソフトウェアが広く普及し，使われている．1次処理データから情報を引き出すとき，研究目的によっ

てその方法が異なる．研究目的で汎用ソフトを使う場合，処理手順が詳細に解説されていても，ソフトの中身まで知ることは困難なので，2次処理過程で生じる誤差の評価は難しい．また，公開されているカタログデータには誤差が書かれていることが多いが，その誤差が生まれる背景の理解や精度の評価も利用者には困難な場合が多いので注意が必要である．

最近は質の高いアーカイブデータが多くの天文台や研究者によって公開され，研究に利用されている．特に大量のデータを生産する広視野撮像装置による画像データや多数の天体を同時に分光する多天体分光器などのデータが公開され，ビッグデータとしての利用価値は高い．

6.1 偶然誤差と系統誤差

一般の計測においては値にばらつきをともなう．ガウス分布などの確率分布に従ってランダムに生じる誤差を偶然誤差と呼ぶ．偶然誤差には物差しによる目測のように，ある平均値のまわりにばらつく誤差と，光子計測のように，光子の検出にともなう確率分布や，CCDに蓄積された電子を読み出すときにともなう電気的な偶然誤差などがある．系統誤差はある一定の測定をするときに，系統的なずれを起こす誤差である．たとえば，長さを測定するときに物差しの目盛りが正しく刻まれていなければ，系統的に誤差が生じる．

天体とは別の光源から光が漏れて混入すると，**迷光** (stray light) となって天体からの信号に一定の明るさが加わる．たとえば，望遠鏡や観測装置周辺からもれこむ赤外線の迷光は，赤外線を放射する物体の温度によって変化する．また望遠鏡は観測天体によって向きが変わるので，迷光の入ってくるセンサー上での位置も変わる．

CCDに蓄積された電子を読み出し，増幅するときに商用電源の50 Hz (60 Hz) の雑音信号が混入することがある．系統誤差はその原因と傾向がわかっていると補正が可能であるが，系統誤差が時間とともに変化するときなどは補正は困難となる．また，誤差は解析の過程でも生じ，蓄積する可能性がある．たとえば，2枚の画像の引き算をすると，誤差の伝搬によって偶然誤差は増える．画像のフーリエ解析によって，高周波数成分を除いて像再生を行うと，星の周囲

にくぼみができる．このくぼみの量は取り除く周波数成分や星の明るさによって系統的に異なる誤差となる．

本章では，偶然誤差として，ポアソン分布に従う**光子数計測** (photon counting) にともなう誤差や CCD に蓄積された光子の数の情報を電気回路によってディジタル化するときにともなう誤差などを扱う．さらに，系統誤差として，サンプリングにともなう折り返し雑音や CCD の電子蓄積にともなう非線形性などを対象とする．センサーの欠陥画素の影響などは画像に顕著に表れる．そのような影響を取り除くための観測や解析方法はよく知られているのでここでは省略し，観測装置内部で生じている装置固有の性質に基づく目に見えにくい誤差を扱う．

6.2 光子検出の確率分布

ある時間内に検出される天体からの光子数の平均値は天体の明るさから決まるが，実際に観測される光子数はばらつきをもつ．このばらつきがどの程度か考える．CCD や CMOS などの光センサーに光子が照射すると半導体内部に伝導電子が生じ，センサーの内部に蓄積される．ここで**量子効率**（入射光子 1 個に対する電子の数，quantum efficiency）は 1 とする．光子はランダムな時系列でセンサーに入ってくるため，信号としての電子数は統計的な**ゆらぎ** (fluctuations) をもつ．このゆらぎを**ショットノイズ** (shot noise) と呼ぶ．センサーや増幅回路などの電気回路内でも電流のランダムなゆらぎによって雑音が生じるが，電流は離散的な電子の集合の流れであるので，ショットノイズとなる．観測の場合は電気回路内でのショットノイズも一緒に測定されるが，ここでは天体からの光子数のゆらぎのみを考える．

光子がセンサーに入射して電子が発生することを**サンプリング**と呼ぶことにする．ある一定の時間 T 内に検出される天体からの光子数の平均値を $\hat{n}$ 個とする．光子がセンサーに当たって電子を放出する時間 (τ) はナノ秒以下なので，天体観測の一般的な観測時間 T（数秒から数 10 分）に比較してきわめて短い．したがって，τ 時間内に光子がセンサーにサンプリングされる個数は 1 個，または 0 個と見なしてよい．T 時間での測定を何度か繰り返したときの測定の標

本平均と分散を求めてみよう．センサーによる T 時間内のサンプリング回数は $N(=T/\tau)$ である．この N 回のサンプリングで k 個の光子を検出する現象の確率は二項分布に従う．光子がサンプリングされる確率を p とすると，N 回のサンプリングで k 個の光子が観測される確率分布は

$$f(k) = \binom{N}{k} p^k (1-p)^{N-k}$$

の二項分布で表される．ここで二項係数 $\binom{N}{k} = \dfrac{N!}{k!(N-k)!}$ である．この二項分布の平均は Np，分散は $\sigma^2 = Np(1-p)$ である．p は非常に小さい $(p = \hat{n}/N)$ ので，分散は Np 程度となる．したがって計測される光子数は約 68% の確率で $\hat{n} \pm \sqrt{\hat{n}}$ の範囲に観測される．

一般に τ は小さく，したがって N は非常に大きいので二項分布の計算は大変である．$N \to \infty, p \to 0, Np \to \lambda$ の極限では，二項分布で表される光子検出の確率分布関数はパラメータ λ のポアソン分布

$$f(k) = \frac{\lambda^k}{k!} e^{-\lambda}, \quad k = 0, 1, 2, \cdots$$

で近似できる（ポアソンの少数の法則）．ここで k は観測される光子の数である．ポアソン分布は時間的，あるいは空間的にぽつぽつとセンサーに記録される光子の個数として典型的に現れる．一般に光子のショットノイズの誤差はポアソン分布を用いて計算する．このポアソン分布の平均値は $\hat{n} = \lambda$，分散は $\sigma^2 = \lambda$ と導かれる．

実際の例として，口径 10 cm の望遠鏡に入ってくる 6 等星の光子数は，可視光のフィルターを用いた場合，1 秒間に約 25 万個であり，そのゆらぎはその平方根の 500 光子ほどである．現在の大望遠鏡でやっと観測できるような最も遠方にある約 30 等の天体の場合，口径 8 m の望遠鏡で観測しても，1 秒間にわずか 1 光子にも満たない．そのゆらぎは 1 光子程度なので，誤差は 100% である．誤差を 10% にするためには 100 倍の露出時間が必要となる．実際には大気や望遠鏡や観測装置内での光子の吸収や散乱などにより，測定される光子は半分程度になる．

6.3 量子化誤差

センサーに蓄積された光子の数は二項分布に従う離散変数である．光電効果により光子 1 個の信号が電子 1 個に変換され，センサー内部で 1 電子あたり，数マイクロボルトの電圧信号として出力される．さらにアンプによって増幅される．その間にランダムな電気雑音（**読み出しノイズ**，あるいは**リードアウトノイズ**，readout noise）の混入もあり，離散信号はほぼ連続的な電圧信号となる．その電圧信号は**アナログ-ディジタル変換器** (analog-to-digital converter, **ADC**) を経て，記憶媒体に保存されるディジタルデータとなる．この過程を**量子化** (quantization) と言う．天文学のように高精度測定が必要な分野では，量子化には入力電圧と出力値の線形性がよく，比較的高速でありながら，電気雑音の小さな 16 ビット分解能をもつ ADC がよく使われる．16 ビットは 0 から 65565 までの 1 刻みの数値をもつ離散信号である．

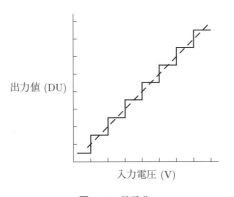

図 **6.2** 量子化

図 6.2 は横軸をアンプから出力された ADC への入力電圧値，縦軸をディジタル化した出力値とする．量子化のため，入力電圧が異なっても，一定の範囲内で，同じディジタル出力値となる．これを**量子化雑音** (quantization noise) と呼ぶ．

一般に天文で用いるセンサーからの出力は線形性がよいので，各ビットごとの量子化雑音はほぼ同じであり，量子化にともなうひずみは小さい．量子化誤差の

サンプル値の系列を $X = \{e_1, e_2, \cdots, e_n\}$ とする．ADC の最大振幅を 1，量子化刻みを 2^{-b} とする．b は ADC の分解能のビット数である．$X = \{e_1, e_2, \cdots, e_n\}$ は 0 から 2^{-b} の間に一様に分布する．

$$\delta = 2^{-b}$$

と定義すると，量子化誤差は平均値 $\hat{e}_n$ を中心として $-\delta/2$ と $\delta/2$ の間に一様に分布するので，$\hat{e}_n$ は

$$\hat{e}_n = \frac{1}{\delta} \int_{-\delta/2}^{\delta/2} x\,dx = 0$$

と表され，0 となる．また，e_n の分散 σ_n^2 は

$$\sigma_n^2 = \frac{1}{\delta} \int_{-\delta/2}^{\delta/2} x^2\,dx = \frac{\delta^2}{12} = \frac{1}{12} 2^{-2b}$$

で計算される．一般に使われている ADC の電気雑音は 2^{-b} 程度あるので，量子化雑音はその 1/3 程度となる．センサーに蓄積できる電子数は数十万程度であるので，それを 16 ビットの ADC で離散化したとき，1 **DU**（digital unit, ADC の出力単位）あたり，数～10 電子数となり，その誤差は数電子数である．

6.4 サンプリングにともなう誤差

サンプリングとは，連続または断続する信号を一定の間隔で測定することにより，離散信号として取り出し，元の連続信号に含まれる情報を得ることである．天体現象のサンプリングでは連続する天体形状，断続する変光などの現象を有限の空間あるいは時間間隔で行うことが多い．たとえば，撮像によって天体画像を得る場合は連続する天体像を CCD や CMOS センサーなどの有限の画素数をもつセンサーで標本化する．天体の明るさの時間変化を調べるときは，離散的な時間間隔で，また天体のスペクトルを得るときは，分光器によって一定の波長（または周波数）ごとにサンプリングを行う．

サンプリングの間隔は細かいほど，元の信号をよく再現できるが，撮像の場合は画素の数と大きさに依存する．また観測時間の場合は，天体が暗いことにより長い露出時間が必要とする，あるいは昼間には観測が中断されるなどの理

由で，サンプリングの周期は制限される．では，元の連続信号を再現できる最適なサンプリング周期はどのくらいだろうか．**サンプリング定理**（**標本化定理**，sampling theorem）とは連続する信号を離散的信号へと変換するとき，どの程度の間隔（時間間隔や空間間隔など）でサンプリングすれば，元の連続信号を再現できるかを定量的に示す定理である．

6.4.1 ナイキストサンプリングと折り返し雑音

図 6.3 は周波数 $f_0 = 10\,\mathrm{Hz}$ の余弦関数 $\cos(2\pi f_0 t)$ で表される信号を一定の時間間隔で測定した模式図である．縦軸は信号の大きさを表す．点線は (a) から (d) まですべて元の余弦関数の波形である．観測の場合，一般に予めその周期や位相は知られていないので，観測される離散信号から，フーリエ変換などを使って，元の未知の連続信号をモデル化する．サンプル時に測定した信号の大きさを点で表してある．観測点から元の信号は三角関数的な波形であることは容易に想像できるが周波数を特定できるとは限らない．

図 6.3(a) の観測点は $f_s = 12\,\mathrm{Hz}$ の時間間隔でサンプルしたものである．元の強さを忠実にたどっているが，周期はまったく異なり，$2\,\mathrm{Hz}$ の信号として解釈される．図 6.3(b) は $10\,\mathrm{Hz}$ の時間間隔で測定した場合である．一定値が得られ，元の信号に周期性があるかどうか不明である．図 6.3(c) は元の信号の 2 倍の周波数 ($20\,\mathrm{Hz}$) での観測である．元の余弦関数をよく再現できそうである．しかし，再現した信号が元の信号であるかは特定できない．たとえば，図 6.3(d) のように，さらに高い周波数（図では $30\,\mathrm{Hz}$）の信号の一部を見ているかもしれないからだ．いずれも，観測データのみではどの周波数の信号が元の信号を再現するかについて優劣はつけられない．

実際の天体観測においてはこのように信号は単純ではなく，天体の現象に由来するさまざまな波長成分の重なりであったり，それとは無関係のさまざまな波長と強さの周期的な雑音が混入している可能性もある．時間について連続的に変化する関数 $x(t)$ を，τ の離散的間隔で N 回観測することを考える．観測時刻は $t = n\tau\,(n = 0, 1, 2, \cdots, N-1)$ であり，観測の結果，離散的データ列 $x_N(t)$ を得たとする．τ に比較して，標本化にかかる時間は十分短いとすると，$x_N(t)$ は，時間軸のデルタ関数を使って，

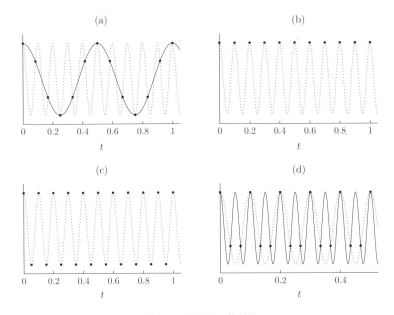

図 **6.3** 標本化と偽信号

$$x_N(t) = \sum_{n=0}^{N-1} x(t)\delta(t - n\tau) \tag{6.1}$$

と表すことができる．サンプリング周波数 $f_s = 1/\tau$ とする．

次に図 6.3 の現象をフーリエ変換を使って，周波数分布を求める．（詳しい証明はフーリエ変換の教科書を参照のこと．）式 (6.1) で，サンプル数 N は十分に大きいものとし，**畳み込み** (convolution) によって，$x_N(t)$ の周波数スペクトルを求める．関数 $\cos(2\pi f_0 t)$ のフーリエ変換によって求める周波数スペクトルは，

$$X(f) = \frac{\sin[2\pi(f - f_0)T]}{2\pi(f - f_0)} + \frac{\sin[2\pi(f + f_0)T]}{2\pi(f + f_0)}$$

と表される．ここで信号は時刻 $-T$ から T の間で定義される．

時間軸の周期的 δ 関数の周波数スペクトルは周波数軸の周期的 δ 関数だから，これを $X(f)$ と畳み込むと，x_N の周波数スペクトル $X_N(f)$ は

$$X_N(f) = \int_{-\infty}^{\infty} X(f - f') \sum_{k=-\infty}^{\infty} f_s \delta(f - kf_s) df'$$

$$= f_s \sum_{k=-\infty}^{\infty} X(f - kf_s) \tag{6.2}$$

と表される．T が十分に長いとき，f_s でサンプルしたときの周波数スペクトルを図 6.4 に示す．図 6.4(a) は元の周波数 10 Hz の余弦関数をフーリエ変換して求めたスペクトルである．±10 Hz に線スペクトルが見られる．図 6.4(b) から (d) はそれぞれ，8 Hz，10 Hz，20 Hz でサンプリングしたときのスペクトルである．(b) は 2 Hz，(c) には 0 Hz を挟んで，±10n ごと ($n = \pm 1, \pm 2, \cdots$) に偽スペクトルが見られる．式 (6.2) は周波数 f_0 の余弦曲線を周波数 f_s で標本化したとき，その標本は周波数 f が $f = f_n - f_s$ の余弦曲線の標本と区別できないことを意味している．一見，図 6.3(a) の異なった波形に見える信号の周波数は $f_0 - f_s = 2$ Hz に現れている．これは高速で回転する扇風機の羽根がゆっくり回るように見え

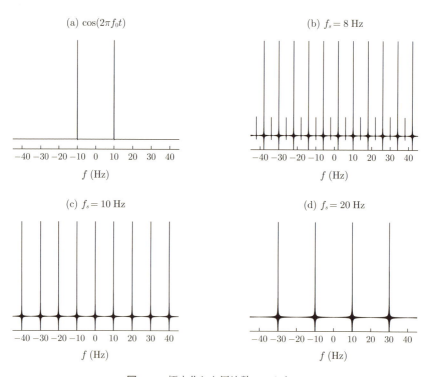

図 **6.4** 標本化した周波数スペクトル

たり，ときには逆回転（負の周波数）に回るように見えることがあることと同じ現象である．$n = 1$ のとき，$|f_0 - f_s|$ は 0 から始まって，$2f_s$ で元の周波数 f_0 となり，さらに大きくなる．負の周波数を定義すると，$f_0 - f_s$ を中心として，折り返しの正負の周波数となる．このことから，このノイズを**折り返し雑音（エイリアシング, aliasing）**と呼ぶ．またこの繰り返しは $nf_s (n = \pm 1, 2, 3, \cdots)$ ごとに現れる．いずれもスペクトルの強さは同じであり，優劣をつけることができない．

再現したい現象をサンプリングするとき，少なくとも期待される元の信号の2倍以上の周波数でサンプリングする必要がある．これをサンプリング定理と言い，元の信号の2倍の周波数を**ナイキスト周波数**, $f_m = 2f_s$ (Nyquist frequency) と呼ぶ．ナイキスト周波数以上の周期でサンプリングすることを**ナイキストサンプリング**と言う．しかし，ナイキストサンプリングの場合でも，高周波数の偽信号と区別をつけることはできない．実際，図 6.3(c) は 20 Hz でのサンプリングで元の信号の周波数を再現している．しかし，ここにも $10 \pm 20n$ Hz の偽スペクトルが見られる．

天体観測の場合，一般に天体の形状や周期性を予め知ることはできないので，再現のためにはサンプリングにともなうノイズの混入の理解が不可欠である．また，天体現象はさまざまな周波数の信号が混在しており，それらすべての周波数の信号についてナイキスト周波数での測定は困難である．また昼夜で観測を中断するなど，一定の時間間隔での長時間のサンプリングは難しいことも多い．サンプリング周波数が f_s のとき，得られた信号の周波数が $f > f_m$ であれば，サンプリング定理から，偽信号の可能性がある．また，信号に f_m 以上のノイズが乗っている場合には，低周波の信号は偽信号の可能性があり，対象が本来もっている低周波の信号があったとしても区別はできない．

そのため，観測装置では，一般にアナログ信号の段階で，高周波数ノイズを除去する工夫がされている．センサーから電気信号として情報を取り出すとき，高い周波数の電気的ノイズが混入する可能性がある．センサーのサンプリング周期（読み出し速さ）の半分より高い高周波数ノイズを予め電気的に除去し，電気信号の低周波数成分のみ透過するするフィルター回路（**ローパスフィルタ, low-pass filter**）を入れることにより，高周波数信号が除去される（図 6.5）．そ

の結果，ナイキストサンプリングより高い周波数の信号が除去されるので，偽信号として現れる低周波数ノイズを減らすことができる．

しかし，高周波数信号は完全には除去はできないので，非常に弱い縞模様などの低周波数のノイズが残る．図 6.6 は天体画像に現れた折り返し雑音による**モアレ模様** (moiré) である．この縞模様ノイズは観測装置のなかで電気的に生じた実際の低周波数雑音なのか，あるいはローパスフィルターで除去しきれなかった高周波数雑音による偽信号かは区別できない．観測装置はこのような信号が入り込まないように，電気回路の設計がされており，一般に非常に小さいが，暗い天体の観測の場合には目立つことも多い．この雑音あるいは偽信号は，縞模様の位置が画像ごとに異なるなど，時間とともに変化することが多いので，一般に除去は困難である．

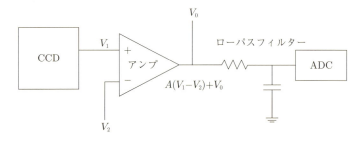

図 6.5 折り返しノイズを避けるためのローパスフィルター

図 6.6 モアレ模様のある画像

6.4.2 アンダーサンプリング

　天体像は CCD や CMOS センサーなどに投影されるが，地上望遠鏡の場合は大気のゆらぎ[1]によって，あるいは光学系の収差によって像が広がる，あるいは形が歪む．観測装置は一般的にその画像の広がりを考慮して，画素が見込む天体の角度を決めている．たとえば，典型的なシーイング (seeing) が 0.5 秒角の場合，撮像装置が天体を見込む角度は CCD の画素あたり，ナイキストサンプリングを判断基準として，0.25 秒角程度になるように設計する．また，分光器の場合は，焦点位置におかれた視野絞りのスリットの幅がほぼ 2 画素にまたがって投影されれば，ナイキストサンプリングとなる．通常，その投影された幅が波長分解能となる．

　一方，大気のない場所にある観測装置，たとえば，宇宙空間にあるハッブル望遠鏡は大気の影響がないので，星の像は，光学系の収差が無視できる場合，ハッブル望遠鏡の口径 2.4 m で決まる回折限界の像となる．回折限界はフラウンホーハー (Fraunhofer) 回折の第一極小の位置と定義されているので，回折限界にある星の像の大きさは $\theta \sim 1.22\lambda/D$ ラジアンと表される．ここで λ は観測波長，D は望遠鏡の口径である．この式にハッブル望遠鏡の値を入れると，$\lambda = 0.5\,\mu m$ で 0.043 秒角となる．可視光カメラ WFC3 の画素スケールは 0.04 秒角/画素なので，ナイキストサンプリングを満たしていない．これを**アンダーサンプリング** (under sampling) と言う．WFC3 の赤外線カメラ部分は，0.13 秒角/画素である．$\lambda = 1.6\,\mu m$ での回折限界は 0.14 秒角なのでこれもアンダーサンプリングである．したがって，画素スケールの 2 倍以下の天体画像の形状の評価には注意が必要である．

6.5　バイアス画像と誤差

　電気回路での**バイアス** (bias) とは一般にトランジスタなどの動作点を決めるために加える電圧や電流のことを指すが，天文画像では，カメラのシャッターを閉じて露出時間を 0 秒として撮像した画像（これを**バイアス画像**，bias image

---

[1] 天文学においてはシーイング (seeing) と呼ばれている．星のようにきわめて遠方にあって，点源と見なされる天体像の広がりの大きさを角度で表す．大気の安定した天文台では星の広がりは波長 $0.5\,\mu m$ の可視光で 0.5 秒角から 1 秒角ほどである．

と呼ぶ）を指すことがある．シャッターを閉じての0秒露出なので，天体からの情報は得られないはずだが，画像にはある一定値に偶然誤差が加わった画素値が記録される．この一定の信号はセンサーからの読み出しの過程で電気的に加えたバイアス電圧である．

図6.5でローパスフィルターを通過したセンサーからの信号はアンプで増幅され，ADCに入力する．ADCへの入力電圧の範囲（たとえば±2.5V, ±5V）は決まっているので，その範囲にアンプからの出力値が入るようにしなければならない．また，ローパスフィルターを通ってきたセンサーからの出力電圧 V_1 が，たとえば，1Vから1.5Vの間にあり，1Vは観測された光子数が0個，1.5Vは飽和光子数とすると，そのまま増幅した場合，ADCの入力範囲を超える可能性があるので，一定の電圧 V_2 を引いておくとよい．アンプのマイナス端子にバイアス V_2 を加えると出力は $A(V_1 - V_2)$ となる．A はアンプの増幅率である．

回路設計では最大電圧 $A(V_1 - V_2)$ が ADC の入力範囲の最大と最小となるように，A と V_2 を選択する．しかし，$A(V_1 - V_2)$ は雑音信号のためにマイナス値となることがある．ADC の入力範囲を正の電圧，たとえば0から5Vに設定してあると，マイナスの入力値はすべて，0DUのディジタルデータとなってしまう．そこで，$A(V_1 - V_2) + V_0$ のように一定の電圧を加えて，アンプの出力値がマイナスにならないようにする．この V_0 がバイアスである．

V_0 のために，信号がない場合にもディジタル化されたデータにはある数値が記録される．これをバイアスデータと呼んでいる．バイアス画像はこのバイアスデータと電気回路のなかで生じる偶然誤差が加わった画像である．実際には，電気回路によるバイアス電圧の不安定性により，バイアスの平均値が変化する．その変化の量は観測装置によって異なり，時間とともに変化する系統誤差なので，画像処理による補正は困難である．バイアス画像に観測中に変動があるかどうかの確認が推奨される．もし変動があれば，頻繁にバイアス画像を取得して，その変化量を調べておくとよい．

6.6 非破壊読み出しと誤差

6.6.1 相関読み出しと誤差

センサー内部では，P型半導体とN型半導体によるPN結合の間に**空乏層** (depletion layer) ができている（図 6.7）．空乏層内には電場が生じ，シリコンやHgCdTeの結晶に入射した光の光電効果によって発生した電子が空乏層内に蓄積する．この蓄積量は光子数に比例する．CCDでは画素内に蓄積された電子を外部まで転送することによって信号を読み出す．そのため，読み出すことによって電子が失われるので情報は残らない．これを**破壊読み出し** (destructive readout) と言う．一方，赤外線センサーやCMOSセンサーは画素内に電子が蓄積することによる電圧の変化を読み出す方法を採用しているので，電子を移動せずに，何度も読み出すことがことができる．これを**非破壊読み出し** (non-destructive readout) と言う．

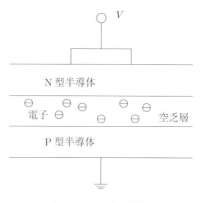

図 6.7 画素の構造

図 6.8 は画素内の電圧の変化を表す．最初に**リセット信号** (reset) を送り，内部に蓄積した電子をはき出すため，最も高い電圧を示す．このときリセットにともなう偶然誤差が発生する．その電圧はリセットごとに変化するので，**リセットノイズ** (reset noise) と言う．

非破壊読み出しのセンサーでは，リセット直後に読み出し（図の読み出し 1），

露出時間後に再度読み出して（読み出し 2），その差をとると，露出中に蓄積した電子に比例する電圧を読み取ることができる．リセットノイズの違いによって，最初の読み出しの電圧が異なっていても，差をとっているのでノイズはキャンセルする．このように前後に 1 回ずつ読み出して差をとる方法を**相関 2 重読み出し** (correlated dobule sampling, **CDS**)，それぞれ複数回読み出すことを**相関多重読み出し**と言う．読み出しノイズは偶然誤差なので，1 回の読み出しノイズを $N_{readout}$ とすると，読み出し回数 n を増やすことで，読み出し誤差は $N_{readout}/\sqrt{n}$ に減少する．

ただし，6.5 節で出てきたバイアス画像（リセット直後の画像データはバイアス画像）は CDS の処理によって自動的にひかれるので，バイアスに混入している雑音を直接見ることができない．（CCD の読み出しにおいても，各画素の読み出しに CDS 方式を採用しているが，電荷転送後なので，赤外線センサーの場合とバイアス画像の取り扱いが異なるのでここでは省略する）．

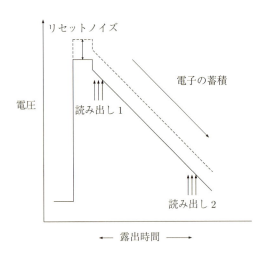

図 **6.8** 電子の蓄積と電圧の読み出し

図 6.9 はリセット直後に読み出した赤外線センサーの画像である．四方の隅に明るく光っている部分がある．これはセンサーに内蔵されているアンプなどの赤外線発光である．これはリセット後と露出終了後に同じ強さで光るので，

相関読み出しをするとこの発光も差し引かれて，図 6.10 の画像となる．一見，きれいな画像のように見えるが，発光している場所は発光にともなうショットノイズが加わる．一般に発光は天体の明るさに比べて非常に強いので，発光している部分だけ S/N が小さくなる．最近の赤外線センサーにはこの発光を避ける工夫がされているものもあるが，アーカイブデータなどで古い画像を処理する場合は注意が必要である．

図 6.9 センサーの発光

図 6.10 CDS 画像

6.6.2 相関読み出しと飽和電荷量

一般に，非破壊読み出しができるセンサーにはカメラシャッターが必要ない．CCD は読み出しのときに電子を転送するので，シャッターが不可欠だが，天文の赤外線カメラは一般にシャッターをもたない．赤外線カメラ内部は装置内部からの赤外線放射を避けるために，−150℃以下に冷やす．冷やすためには，高真空を保った真空容器に入れる必要がある．真空内部でしかも冷却下で頻繁に使用するシャッターを入れるとなると，シャッターが故障したときの修理が大変である．特に赤外線カメラは背景光が大きいので，画素が過飽和にならないように，短時間露出が必要である．故障する危険を避けるために，装置内部にシャッターをもたない．そのことによって大きな系統誤差が生じる．

図 6.11 は背景光が強い場合と弱い場合の画素の飽和電荷量 (full well) の比較である．この画素の飽和量は 6 万 DU と仮定する．最近の赤外線センサーは大型化のため，読み出しに時間がかかる．一般に，センサー全体を一度にリセッ

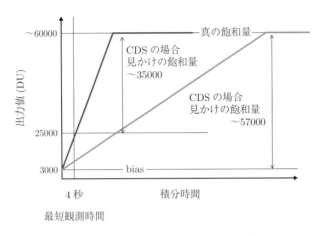

図 6.11 背景光の強さと見かけの飽和電荷量

トしてから露出を開始する．シャッターをもたないため，最初の画素を読み出してから，最後の画素を読み出すまでに一定の時間がかかる．その時間をたとえば4秒としよう．最後の画素は4秒間の露出をしたのちに読み出すことになる．予定の露出時間が経ったのち，最初の画素から読み出すことで，最後の画素も同じ露出時間で観測したことになる．しかし，背景光が非常に強いと（図6.11の左の線）は最後の画素は4秒間の間に25000 DU の電子が蓄積され，天体観測のためには，残りの35000 DU しか使えないことになる．一方，最初の画素は6万DUまで蓄積できる．一方，背景光が弱い場合（図 6.11 の右の線），画素による飽和電荷量の違いは少ない．

この状況は明るい天体を観測する場合にも当てはまるので，見かけの飽和電荷量の違いは十分に理解しておく必要がある．さもないと，天体からの電子量が飽和電荷量を超えているにもかかわらず，画像データの数値は小さいので，飽和していることには気がつきにくい．このような場合，天体の明るさを暗く見積もることになり，観測時の背景光や観測天体の明るさによって変わる系統的誤差となる．

6.7 センサーの非線形補正

センサー内に光子が入射して,光電効果により発生した電子を情報として読み出すときに,センサー内での電子の再結合や電子を転送する過程での転送損失などによって,出力信号が入射光量に比例しないことがある.特に,天体が暗く,光子量が少ないときにその影響は著しい.また,画素内に蓄積できる電子量を超えて光子が入手すると,画素外や電気回路への漏れ出しなどにより実際の光量より少なくなる.

光量と出力値との関係を表す評価が必要である.図 6.12 はすばる望遠鏡のMOIRCS の例である.上図はある光源を照射したときの露出時間と出力値を図示したものである.出力値が大きいと,しだいに出力値が一定に近づく.電子が画素内で飽和しているためである.この図で線形性の良い出力範囲で回帰直線を求め,各サンプル点の回帰曲線からのずれを出力値との比で表したものが下図である.出力値が小さいところが際立つように横軸は出力値の対数で表示してある.この図から出力値が小さい所(1000 DU 以下)と出力値が大きい所(2 万 DU)以上で回帰直線からのずれが大きいことがわかる.どの範囲で回帰

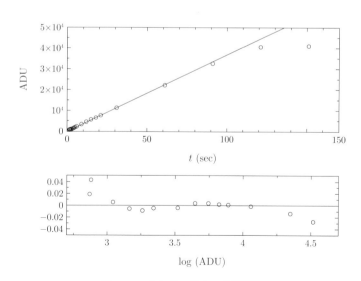

図 **6.12** センサー出力の非線形性

直線を求めるかによって，線形からのずれの位置が変わるが，この図を実際の観測に適用すれば，**非線形効果** (non-linearity effect) を補正できることがわかる．

6.8　背景光の評価

天体画像には天体からの光や天体の背景や前景からの光が写っている．図 6.13 はすばる望遠鏡で得られた画像である．ここには多数の銀河や銀河系内の天体からの信号が記録されている．画像には天体からの光子の他に，背景や前景からの光子，電気回路のノイズも混入し，それが重なって記録される．ここではすべて含んだものを**背景光** (background) と呼ぶ．図 6.14 はそれぞれの画像の画素値のヒストグラムである．

表 6.1 に図 6.13 の画素値の代表値を示す．天体からの光の明るさはまちまちなので，図 6.14 では明るいほうに広いすそ野を引いている．そのため中央値は最頻値に近いが，平均値は明るい画素値にひっぱられて大きな値となっている．尖度は分布のピークとすそが正規分布とどの程度違うかを示し，図 6.14 では明るい画素の影響で，非常に尖度が大きくなっている．また，図 6.14 左図の場合，背景は画像の大半を占めるので，鋭いピークとなっているが，右図では背景光の寄与がわかりにくい．また，階級の取り方によってピークの位置が変わる．

図 6.13　天体画像の例

表 6.1　図 6.13 の代表値

画像	画素数	中央値	平均	標準偏差	最小値	最大値	歪度	尖度
6.13 左	40000	4095	43489	2501	3405	65540	20	465
6.13 右	40000	8437	9689	4243.0	621	41960	1.65	7.01

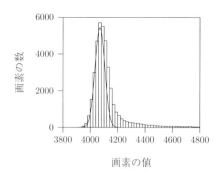
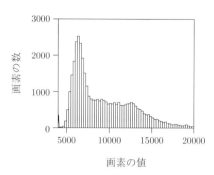

図 **6.14** 画素値の頻度

　背景光の評価については注意が必要である．天体画像では背景光に対して天体が非常に暗い場合を扱うことが多い．観測画像から天体画像を抽出するためには背景光を差し引きする必要があるが，天体が暗い場合，わずかな背景光の評価の誤差が天体の明るさに重大な系統的誤差を生ずることになる．地上から赤外線観測では大気からの赤外線放射が遠方の銀河より圧倒的に大きいので（たとえば $z \sim 2$ にある平均的な銀河の表面輝度は地球の大気の熱放射の約 1 万分の 1 であり，約 10 等暗い），背景光の評価は高い精度で求める必要がある．

　信号の値が偶然誤差より十分に大きければ，信号はある一定の確率でその信号は真の情報であると推定できる．天体画像の場合，背景光や読み出し雑音に埋もれた天体信号を求めるとき，背景光などの偶然誤差の上に天体信号が加わった天体画像から背景光の平均値と分散を推定する．一般には背景光の評価に画像内の画素値の中央値を用いることが多い．あるいは全画素の平均値を求め，その標準偏差を σ とすると，画素の値が $n\sigma$ 以上であれば，真の信号と見なすとする．ここで n は研究の目的に応じて決める．3σ 以上であれば，偶然誤差がガウス分布に従う場合，雑音の可能性は 0.3%以下と推定される．しかし，宇宙線などの信号が混入すると，狭い範囲に強い信号となって記録される．そこで天体として認識するには，一般的に $n\sigma$ 以上の値をもつ画素がある一定の数以上連結していれば天体として見なす．精度を高めるために，$n\sigma$ 以上の画素を除いて，再度背景光の平均値と標準偏差を求めることがよく行われる．

　しかし，図 6.13 の右図のようにもし天体画像が画面いっぱいに広がっていた

156 第6章 天体画像の誤差

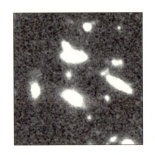
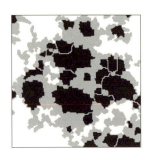

図 6.15 非連結性ノイズの評価に基づく天体の検出 [1]

らどうだろう．背景光と天体の区別がつかず，天体画像の一部を背景光の強さと誤認識しかねない．間違って明るい背景光を差し引くと，天体の明るさを真の明るさよりも暗く見積もることになる．大きな画像の場合には，背景光の場所による変化の効果を考慮して，画像を分割して，それぞれの領域で背景光の評価を行うが，場所によって天体の占める割合が違うため，背景光の評価も領域によって異なり，系統的誤差を生む要因となる．実際の画像解析では予め天体の大きさや数を知ることはできないので，一般に画像に占める背景光の画素の選択は困難である．

　この問題の詳しい解説と解決方法については文献 [1] を参照されたい．背景光の偶然誤差は，特に生データにおいては画素間の相関がないので，ノイズ画像は連結性をもたない．その性質を用いてアクラギ・市川は雑音の検出を先に行い，そのほかの画素を有意な信号と見なす方法を開発した [1]．開発された **NoiseChisel**（ノイズノミ）[2] の方法では天体画像の検出に $n\sigma$ 基準や天体信号の連結性の基準を必要とせず，背景光に埋もれた非常に暗い天体の検出も可能である．図 6.14 のピーク値より負側にある画素は背景からの寄与なので，負側で正規分布を求め，正側に対称とすることで背景の寄与の分を近似する（図 6.14 左実線）．この原理を用いて，NoiseChisel には背景光の評価も高い精度で行うプログラムが提供されている．ハッブル望遠鏡による画像に適応した1例を図

---

[2] "NoiseChisel" は木の塊から仏像を切り出すノミのように，ノイズに覆われた信号からノイズを削り落とすノミという意味である．https://www.gnu.org/software/gnuastro/ の GNU パッケージから利用できる．ソースコードも公開されている．

6.15 に示す.

6.9 検出限界

たとえば 28 等の銀河をすばる望遠鏡で観測するためには何分の観測時間が必要かなど，天体の観測時間と検出限界の関係を求めよう．図 6.16 のようにセンサーに写った天体の撮像観測の場合を考える．偶然誤差の原因は天体からの光子数の確率分布にともなうショットノイズ，天体の背景や前景にある天体の光や大気光などの混入によるショットノイズ，電気的雑音などを考慮する必要がある．解析に用いる画像データはディジタル単位 (DU) なので，ゲインを用いて，光子数に換算しておく．

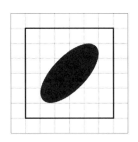

図 6.16 天体の測光

太い四角の枠の中に，天体がすべて入っているとすると，天体からの光子の数は，四角の中の総光子数から，その中の n 画素分の背景光を引いたものとなる．背景光の明るさは天体のない四角枠の外で予め求めておく．系統誤差は観測装置ごとに異なり，観測の環境によって変わるのでここでは考えない．背景光を引いた天体からの単位時間当たりの光子数を N_{obj}，露出時間を t，大気による吸収や観測装置内での光子の損失などを考慮した観測効率を η，望遠鏡の集光面積を A とすると，天体からの総光子数 S は $S = t\eta A N_{obj}$ となる．この天体からのショットノイズは光子のポアソン分布から $\sqrt{t\eta A N_{obj}}$ である．背景光を N_{sky} とすると，そのショットノイズは $\sqrt{nt\eta A N_{sky}}$ である．ここで N_{sky} は 1 画素あたりの背景光の単位時間での光子数である．センサーに由来するノイ

ズにはセンサー内の赤外線発光によるショットノイズ（ダークノイズ）がある．センサーに蓄積されたアンプなどのアナログ回路やディジタル化回路によってディジタル信号に変換される．この間に発生する偶然誤差が読み出し雑音（リードアウトノイズ）である．

読み出しノイズはさまざまな要因によるノイズの重ね合わせなので，ポアソン分布に従うとは限らない．実験等で予め得られている1画素，1回の読み出しでの読み出しノイズを $N_{readout}$ とする．N_{sky}, N_{dark}, $N_{readout}$ は n 画素分がノイズとして加算されるので n 画素分の足し合わせとなる．信号対雑音比 (S/N) は

$$S/N = \frac{t\eta AN_{obj}}{\sqrt{t\eta AN_{obj} + 2(t\eta nsAN_{sky} + tnN_{dark} + nN_{readout}^2)}} \quad (6.3)$$

と表される．誤差の伝搬の式 $\sigma^2 = \sigma_1^2 + \sigma_2^2 + \cdots$ から，総ノイズ N は式 (6.3) の分母で表され，ガウス分布に従うとすると，1σ のノイズに相当する．ここでは最も単純な画像処理を考えたが，実際には，生データの1次処理や解析にともなう2次処理においても誤差が生じるので，他のノイズも加わる可能性がある．分母の係数2は，背景光を引くことによって生じる誤差の影響である．CDS 読み出し（6.6.1項）の場合はさらに N_{reaout}^2 の項が2倍となる．

式 (6.3) を露出時間 t について解けば，任意の S/N での露出時間を計算できる．また表 6.2 の 0 等星の光子数を用いると，任意の明るさの天体の光子数を等級に変換することができる．$S/N = 1$ の場合は，信号とノイズが同じ値なので，天体の検出限界のひとつの基準である．（ただし，天体の検出の定義は方法や目的によってさまざまなので注意が必要である）．$S/N > 3$ は図 3.3 の $\pm 3\sigma$ の図から 99.7% の検出確率となる．一方，測光精度をノイズに対する信号の比と定義すると，$S/N = 100$ は 1% の測光精度に相当する．

マウナケア山頂の典型的な背景光の明るさを表 6.3 に示す．空の1秒角平方での明るさなので，画素の見込む立体角に換算する．光子数への変換は表 6.2 を用いる．空の明るさは都市光や月の大きさによって異なり，赤外線波長では大気上空にある OH 分子による大気光が時間とともに変化するので注意が必要である．また，$2\mu m$ より長い波長では大気からの熱放射が支配的になるが，望遠鏡や観測装置などの発する赤外線が迷光となって紛れ込むこともある．分光観測の場合は，光の分散のために，画素に入ってくる光量の低下，分光器内で

6.9 検出限界　159

表 **6.2**　0 等星のフラックスと光子数 [2] [25][3]

測光バンド	有効波長 μm	バンド幅 μm	フラックス $\times 10^{-8} \mathrm{W} m^{-2} \mu m^{-1}$	光子数 $\times 10^{8} \mathrm{m}^{-2} \mathrm{s}^{-1} \mu m^{-1}$
U	0.365	0.057	4.24	798
B	0.445	0.105	6.45	1424
V	0.551	0.08	3.69	1010
R_C	0.659	0.194	2.20	710
I_C	0.806	0.149	1.14	460
J	1.22	0.26	0.331	202
H	1.65	0.29	0.115	95.6
K_s	2.16	0.32	0.043	46.6

表 **6.3**　マウナケア山頂での月のない夜間の空の明るさ

測光バンド	等級 mag arcsec^{-2}
U	21.6
B	22.3
V	21.1
R_C	20.3
I_C	19.2
J	14.8
H	13.4
K_s	14.0

[CFHT のマニュアル (1997) による]

の光子の吸収や散乱，スリットなどの視野絞りによる天体像の"けられ"などによる検出限界の悪化，一方で，画素を見込む波長域が狭まるので背景光の減少などによる検出限界の向上などを考慮する必要がある．

背景光雑音限界

地上観測の場合，赤外線波長域では大気からの赤外線放射のために，天体の明るさよりずっと背景光が大きい場合がある．このとき，センサー内の雑音は相対的に無視できるので，式 (6.3) は

$$S/N = \sqrt{t\eta A} \frac{N_{obj}}{\sqrt{nsN_{sky}}}$$

と簡単になる．この式から，背景光が検出限界を決めている場合には，S/N は

---
[3] この表は [25] に掲載されていないが，原論文に従って計算した．

露出時間や望遠鏡の口径の平方根でしか向上しない．また，読み出し回数には依存しないので，1回の露出時間を減らして後で画像を重ね合わせても S/N は変わらない．

読み出し雑音限界
一方，可視光観測のように背景光が暗く，読み出し雑音が支配的な場合，

$$S/N = \frac{t\eta A N_{obj}}{\sqrt{n} N_{readout}}$$

と近似できる．この式から S/N は露出時間に比例して向上することがわかる．読み出しにともなう雑音なので，短時間に分割して読み出し，後で合成すると S/N は悪くなる．1回の露光時間を長くして，読み出す回数を減らすと効果的である．

図 6.17 にすばる望遠鏡に搭載された MOIRCS の典型的な例を示す．横軸は露出時間，縦軸は等級で表した検出限界である．露出時間が短く，傾きが急な所は読み出し雑音限界，緩やかな所は背景光雑音限界である．ただし，これは理想的な場合を想定した計算であり，実際の観測や解析では，たとえばフラット化にともなう系統誤差など，解析にともなう誤差の蓄積などがあり，計算通

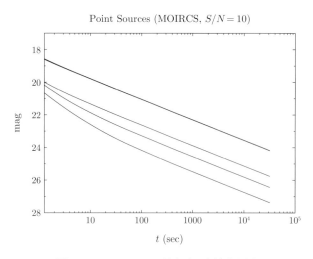

図 6.17 MOIRCS の露出時間と検出限界

りの検出限界にはならないのがふつうである．実際，MOIRCS での長時間観測では計算より 0.3 等から 0.5 等ほど検出限界が浅い．

図 6.18 はケプラー衛星によるある星の観測例である．ここでは 1 回の露出時間は 6.03 秒で 270 枚が加算されたデータが 469 セット分アーカイブされたデータを用いている．記録された電子数は天体からの光子数に等しいとする．469 サンプルの天体の平均光子数は $\mu = 1.03 \times 10^8$ である．この光子数に相当するポアソン分布の標準偏差は 1.01×10^4 である．一方，この観測データ 469 枚の測定値の標準偏差は 1.31×10^4 である．図 6.18 には 469 測定値の平均値からのばらつきの頻度図を示す．実線と破線はそれぞれ観測値の分散に基づくガウス分布と，光子数に基づくポアソン分布（光子数が大きいのでガウス分布とほとんど同じ）である．観測値の分布は天体の光子数によるショットノイズに，背景光やリードアウトノイズ，ダークなどを加えたものより，広がりが大きい．その広がりは，星の変光，解析にともなう誤差，それ以外の誤差の混入などが考えられる．

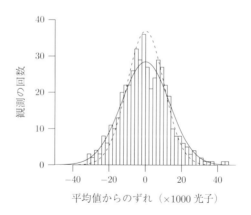

図 **6.18** 測光データのばらつき

---------------- コラム（山頂での誤差との戦い）----------------
　国立天文台ハワイ観測所のすばる望遠鏡は標高 4200 m のマウナケア山頂にある．最近はふもとからのリモート観測が増えたが，山頂で観測するのは大変だ．すばる望遠鏡は観測手順書に従って自動で観測してくれるので，観測は楽で，結構，時間をもてあます．あるとき，大学院生が元気な所を見せようと，腕立て伏せをして見せたが，1-2時間後，観測途中に高山病の症状で気分を悪くして，標高 2800 m の中間宿泊所まで緊急搬送された．論文を読もうとしても，酸素不足で頭が痛くなる．せいぜい，得られた観測画像のクイックルックでチェックをする程度しかできない．それでも，観測時間は貴重なので，データの質を最大限に上げたい．そのために予め用意した診断スクリプトを使って，取得したデータの誤差をさまざまな角度から評価し，次の観測手順や方法を微調整する．観測中，得られたデータをいかに評価するかによって，データの質が変わり，後の解析結果にも影響する．ここでも，頭が痛くなるギリギリのところで誤差と戦っている．

付　　録

　統計解析には種々のプログラムが利用できるが，本書では汎用性が高い開発用プログラミング言語である R と Python を使っている（一部には計算機への負担が少ないコンパイル言語の C を使っている）．R はさまざま分野で使われているが，天文学や宇宙物理学の分野では Python をベースに開発されているソフトウェアが多いので，データ解析においても Python が扱いやすい．本文で紹介された統計解析のソースコードが下記に利用できるので，是非試して欲しい．いずれも簡単に統計結果が得られるが，コードがオープンになっているとは言え，解読するのは難しい．正しい統計の知識をもって，また，ときには結果のわかっているデータなどを使ってソースが正しい結果を与えるかどうか確認しながら使って欲しい．

A　R ソースコード

　本書第 1～3 章と，第 4 章の一部では統計解析用に開発されたフリーソフトウェアでオープンソースの R 言語を用いた．本書で用いたソースコードとサンプルデータは以下からダウンロードができる．本巻の図と表との対応は READNE.txt に書かれている．得られた統計データの内容については出力結果を参照のこと．
　http://www.astr.tohoku.ac.jp/~ichikawa/R/sample.lzh
　開発環境は無料で利用できる RStudio を用いた．
　https://www.rstudio.com/
　R 言語は統計解析のためにさまざまな分野で開発され，使われている．CRAN (The Comprehensive R Archive Network, https://cran.r-project.org/) などからデータ処理のための基本ツールと多数の統計処理パッケージが利用できる．文

献 [5] には天文学への応用例がたくさん掲載されている．本書でも参考にした．また多くの教科書やインターネットで R の使い方や利用例が紹介されているので参照されたい．

B Python ティップス

以下，超新星の年間発見個数のデータを使って，Python による統計解析の例を紹介する．読者の目的にあわせてコーディングする際に参考にして欲しい．

B.1 基本的な統計量

私たちの住む銀河系の近傍で起こっている超新星爆発が 1 年で何個発見されるかについての統計を Python を使って調べてみよう．超新星のカタログデータベース[1]から必要なデータ（発見日時，最大光度，赤方偏移，タイプなど）がダウンロードできるので，ここでは 1948 年から 2010 年の間に地球で発見され，かつ近傍 ($z < 0.005$) の超新星を選び出す．ダウンロードしたデータを Python で配列 data に格納する．データは numpy の ndarray 配列に格納しておくと後々計算が便利で，たとえば，

```
>>> import numpy as np
>>> import scipy.stats as stats
>>> import pylab as pl
>>> data = np.array([1,2,3])
>>> data
array([1, 2, 3])
```

とすればデータを配列に格納することができる[2][3]．超新星の年ごとの発見数をカウントした値[4]を配列に格納し，print 関数を使えば，

---

[1] The Open Supernova Catalog: https://sne.space/
[2] as は，インポートしたモジュールを as 以降の文字列で省略して使用することを指定してる．たとえば，numpy は np と省略している．
[3] scipy は，numpy より複雑な統計計算をすることができるモジュールで，stats は scipy のサブパッケージである．一方，pylab は，グラフを描写するためのモジュールである．どちらもここでは使用していないが，今後，利用していくので最初にインポートしておく．
[4] 自力で数えてもよいが，Python に慣れれば pylab の hist 関数などを使ってコンピュータに数えさせることもできる．

```
>>> print(data)
[2 0 3 1 0 0 3 1 0 2 0 1 2 2 2 2 1 0 1 0 2 7 2 0 2 0 1 2 3 1 2
 1 2 1 3 7 3 3 0 3 1 2 1 3 1 2 2 1 2 4 3 9 3 4 5 8 4 8 4 2 6 5
 3]
```

このように data の内容が標準出力に表示される．さらに，len 関数を使えば，この data に含まれるデータ数をカウントすることができる．

```
>>> len(data)
63
```

1948 年 1 月 1 日から 2010 年 12 月 31 日まで 1 年ごとのデータなので，63 個と確認できる．また，numpy や scipy の統計関数を使えば，

```
>>> np.min(data) # 最小値
0
>>> np.max(data) # 最大値
9
>>> np.mean(data) # 標本平均値
2.3968253968253967
>>> np.std(data) # 標準偏差
2.089578696350987
>>> np.std(data, ddof=1) # 不偏標準偏差
2.1063627306076667
>>> np.var(data) # 分散
4.366339128243891
>>> np.var(data, ddof=1) # 不偏分散
4.4367639528929859
>>> stats.scoreatpercentile(data, 25) # 第 1 四分位点
1.0
>>> np.median(data) # 標本中央値
2.0
>>> stats.mode(data) # 最頻値
ModeResult(mode=array([2]), count=array([17]))
>>> stats.skew(data) # 歪度
1.3249614310484887
>>> stats.kurtosis(data) # 尖度
1.5281103416953847
```

などのようにさまざまな統計量を簡単に計算できる[5)6)].

次にデータをヒストグラムとして図示してみよう．グラフを図示させるためには pylab を使う．次のように指示すれば図 B.1 のようなヒストグラムが得られる[7)8)]．

```
>>> pl.hist(data, bins=10, range=(0,10), align='left', color='gray', rwidth=0.9)
>>> pl.xlabel('data')
>>> pl.ylabel('number')
>>> pl.savefig('./histogram.pdf')
>>> pl.show()
```

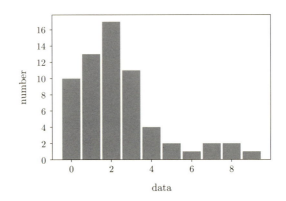

図 **B.1**　B.1 例の超新星の 1 年あたりの発見数のヒストグラム

[5)] stats の mode は，最頻値だけでなく，最頻値をもつ値の個数の 2 種類の値を返す．前者だけを取り出す場合，たとえば，stats.mode(data)[0] などとすればよい．
[6)] stats の返す尖度は，正規分布が 0.0 になるように，-3.0 を加えた値を返す．
[7)] range 引数は，ヒストグラムを作るために使用するデータ区間の最小値と最大値を指定している．また，bins 引数によって，その区間を何等分するかを指定している．align 引数はヒストグラムの各ボックスを左右どちら寄りに配置するかを指定しており，デフォルトは 'mid' である．color 引数はボックスの色，rwidth 引数はボックスの横幅を指定している．
[8)] Python の場合，ウインドウに表示させるためには，show 関数を実行する必要がある．また，グラフをファイルとして出力する場合は，savefig 関数を使用する．ファイル名の拡張子（pdf，eps，png，jpg など）を指定することによって，出力するファイル形式を選択できる．

B.2 ポアソン分布によるモデリング

ポアソン分布は,
$$f(k|\lambda) = \frac{\lambda^k \exp(-\lambda)}{k!}$$
で与えられることを既に知っている. ここで, λ は母平均のパラメータ ($\lambda \geq 0$) であり, また分散は平均値と等しい. k は離散型変数である.

例題の場合, k は超新星の発見個数データで平均値と分散がだいたい等しいことがわかる. このような非負の離散データはポアソン分布で表現すると便利である. Python のコードは次のようになり, 図 B.2 のようなポアソン分布を重ねたヒストグラムが描ける[9)][10). 図を見ると, 超新星の年間発見個数のデータはおおよそポアソン分布に従っているように見える[11).

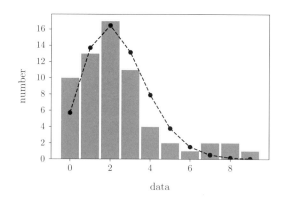

図 **B.2** 図 B.1 のヒストグラムに平均 2.40 のポアソン分布を重ねた. ポアソン分布は積分すると 1 になる確率分布なので, データとして取り扱った年数 63 をかけて縦軸をあわせている.

[9)] pylab の hist 関数は, データをヒストグラムとして表示するだけでなく, ヒストグラムのデータを配列にして返す.
[10)] stats の poisson.pmf 関数が, ポアソン分布の確率密度関数で, 引数にデータと平均値をとる.
[11)] ただし超新星の平均発生個数は銀河の性質によって異なることがわかっているので, 超新星の発見個数は単純なポアソン分布には従わない.

```
>>> pl.hist(data, bins=10, range=(0,10), align='left', color='gray', rwidth=0.9)
>>> y = np.arange(10)
>>> f = stats.poisson.pmf(y, 2.40)*63
>>> pl.plot(y,f,'ko--')
```

B.3　ノンパラメトリックブートストラップの実装例

3.3.1 項に従って，63 個の超新星の標本の 50,000 回の再抽出を行う．Python を使ってブートストラップ法を実装するには，numpy の random モジュールを使うと便利である．例では，choice 関数を使ってデータから重複を許して (replace=True)，63 個のデータを選び出すという作業を 50,000 回繰り返している．1 回のループ文のなかで，リサンプリングと同時にパラメータ（平均値）を計算し，結果を配列へと追加している．パラメータ $\hat{\lambda}$ のばらつきは $\hat{\lambda} = 2.40 \pm 0.26$ と求められる．

```
>>> n = 50000
>>> mu = np.array([])
>>> for i in range(n):
>>>     sample = np.random.choice(data, 63, replace=True)
>>>     mu = np.append(mu, np.mean(sample))
>>> np.mean(mu), np.std(mu)
2.39813746032 0.264022657264
```

B.4　パラメトリックブートストラップ法の実装例

前節のブートストラップ法やジャックナイフ法はノンパラメトリックな方法であった．ここでは 3.3.2 項で解説したパラメトリックブートストラップ法を用いて，年間の超新星の発見個数をポアソン分布で仮定した場合の例を紹介する．次のような手順をとる．

1. データからポアソン分布のパラメータ ($\hat{\lambda} = 2.40$) を最尤推定する．
2. その推定したパラメータをあてはめたポアソン分布 $f(|\hat{\lambda})$ から 63 個の乱数を発生させる (y^i)．
3. 発生させた乱数列 (y^i) をリサンプリング標本として，そこからパラメータを最尤推定する (θ^i)．

4. 2と3の行程をN回繰り返す($\{\theta_1, \theta_2, \cdots, \theta_N\}$).
5. θセットからパラメータの推定量とばらつきを求める.

こうして求めた結果は$\hat{\lambda} = 2.40 \pm 0.20$となる.

forループ文のなかで，randomモジュールのpoisson関数を使って，平均値lamのポアソン分布に従う乱数を63個発生させている点がブートストラップ法（3.3.1項）やジャックナイフ法（3.3.3項）と異なっている.

```
>>> n = 50000
>>> mu = np.array([])
>>> for i in range(n):
>>>     sample = np.random.poisson(lam=np.mean(data), size=63)
>>>     mu = np.append(mu, np.mean(sample))
>>> np.mean(mu), np.std(mu)
2.39643206349 0.195378041179
```

C Pythonによるさまざまなコーディング例

C.1 散布図

ヒッパルコス衛星による観測で得られた恒星のデータ[12]を使ってPythonを使ったグラフの表示方法を解説する．今，オリオン座領域に含まれる$V < 4.0$等の明るい恒星の赤道座標のデータをもっているとする．このとき，Pythonを使って星の天球面での分布を図示すると図C.1のような散布図が描ける.

まず，importを使って図を描くためのモジュールpylabを呼び出す．as以降は，pylabを省略してplと書けるようにするおまじないである.

```
>>> import pylab as pl
```

次に，表示したいデータを配列に格納する．ここでは，オリオン座を構成する星のうち，12個の座標データを格納した配列名をRAとDecとしている.

---

[12] ftp://dbc.nao.ac.jp/DBC/NASAADC/catalogs/1/1239/hip_main.dat.gz

170　付　　録

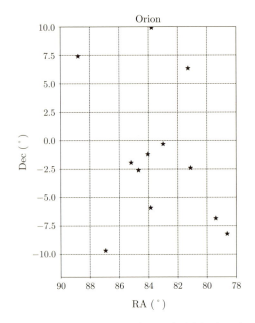

図 C.1　オリオン座に含まれる 8 つの恒星を赤道座標系でプロットした図

```
>>> RA = [78.63, 79.40, 81.12, 81.28, 83.00, 83.78, 83.86, 84.05, 84.69, 85.19,
86.94, 88.79]
>>> Dec = [-8.20, -6.84, -2.40, 6.35, -0.30, 9.93, -5.91, -1.20, -2.60, -1.94,
-9.67, 7.41]
```

データが準備できたら，グラフを描写する．散布図を描くためには scatter 関数を使うことができる．オプションとして，c で点の色を，marker で点の形を，s で点のサイズを指定している．オプションはさまざまな種類があり，インターネットにはサンプルが多数存在しているので各自で検索して参考にするとよい．グラフのサイズやラベルなど体裁を整える関数も多数用意されており，以下に一例を示す．さらに，xlabel, ylabel で指定しているように，TeX 形式の数式をグラフ内で使用することもできる．savefig 関数を使えばグラフを表示するのではなく，ファイルとして保存することもできる．拡張子を eps から png や pdf に変更すれば，PNG 形式や PDF 形式でもファイルに書き出すことができる．

なお，#はコメントアウトを意味しており，#以降は実行しないのでコード内でメモとして使用すると便利である．

```
>>> pl.figure(figsize=(8, 10)) #グラフのサイズを設定
>>> pl.scatter(RA, Dec, c='black', marker='*', s=150)
>>> pl.grid(color='black', linestyle='--') #グリッドの設定
>>> pl.xticks(fontsize=20) #x 軸の目盛の設定
>>> pl.yticks(fontsize=20) #y 軸の目盛の設定
>>> pl.xlim(90, 78) #x の表示範囲を設定
>>> pl.ylim(-12, 10) #y の表示範囲を設定
>>> pl.xlabel('RA ($^\circ$)', fontsize=20) #x 軸のラベルを設定
>>> pl.ylabel('Dec ($^\circ$)', fontsize=20) #y 軸のラベルを設定
>>> pl.title('Orion', fontsize=20) #グラフタイトルの設定
>>> pl.tight_layout() #グラフレイアウトの自動調整
>>> pl.savefig('./plot_orion1.eps') #eps ファイルで書き出し
>>> pl.show() #ディスプレイにグラフを表示
```

C.2　複雑な散布図

scatter 関数のオプションを工夫することによってもっと複雑な図も描ける．V バンドの見かけ等級をプロット点のサイズ，B–V の値を恒星の色に対応させたグラフが図 C.2 である．左上のベテルギウスと右下のリゲルが図中の恒星で最も明るい．一方，ベテルギウスは恒星のなかで最も赤い（B–V が大きい）恒星であることがわかる．

図 C.2 を描くためには，`matplotlib.cm` を呼び出す．ただし，前節で散布図を描いた後を想定しているので，`pylab` は既に呼び出されていることを想定している．`numpy` は必ずしも必要ではないが，array 形式で配列を作っておくと，下記で配列の演算を行うので呼び出しておく．

```
>>> import matplotlib.cm as cm
>>> import numpy as np
```

そして，データを numpy の array 形式で配列に格納する．恒星の明るさや色も対応付けるために，V バンドや B–V のデータも配列に格納している．

```
>>> RA = np.array([78.63, 79.40, 81.12, 81.28, 83.00, 83.78, 83.86, 84.05, 84.69,
 85.19, 86.94, 88.79])
>>> Dec = np.array([-8.20, -6.84, -2.40, 6.35, -0.30, 9.93, -5.91, -1.20, -2.60,
 -1.94, -9.67, 7.41])
>>> V = np.array([0.18, 3.59, 3.35, 1.64, 2.25, 3.39, 2.75, 1.69, 3.77, 1.74, 2.07,
 0.45])
>>> BmV = np.array([-0.03, -0.12, -0.24, -0.22, -0.17, -0.16, -0.21, -0.18, -0.19,
 -0.20, -0.17, 1.50])
>>> len(RA), len(Dec), len(V), len(BmV)
(12, 12, 12, 12)
```

最後の`len`関数では，4つの配列に格納したデータ数を表示しており，すべて一致していることを確認している．

プロット点に色を付けるだけでなく，意味をもったグラデーションにするためには，`scatter`関数のオプション`c`にデータを渡せばよい．`vmax`は色を付ける上限値を指定しており，`vmin`を使用すれば下限値も設定できる．マーカーのサイズを指定する`s`にもデータを渡すことによってマーカーサイズをデータにあわせて変更することができる．ここで，`s=-100*V+300`のような演算をするために`numpy`の`array`形式で配列を用意しておく必要がある．

```
>>> pl.scatter(RA, Dec, c=BmV, vmax=2, cmap=cm.gray, marker='o', s=-100*V+400)
```

さらに，図C.2のようなカラーバーを付けるためには，`colorbar`関数を使う．カラーバーにラベルを貼るためには，カラーバー情報を適当な変数（例では`cb`）に代入し，`set_label`を使ってラベルを定義すればよい．

```
>>> cb=pl.colorbar()
>>> cb.set_label('B$-$V', fontsize=20)
```

ここまでで満足して離れない．前節で散布図を描いたときと同じように，最後に，`savefig`関数や`show`関数を使ってグラフをファイルに保存したり，ディスプレイに表示することを忘れないこと．

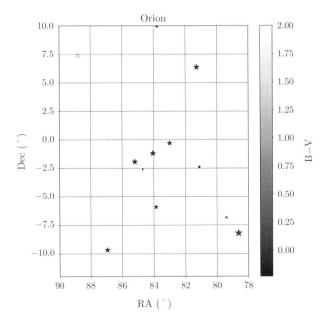

図 C.2 図 C.1 のプロット点の大きさと色を，恒星の明るさとカラーに対応させた図．見かけの V バンド等級が小さい（明るい）ほど大きく，カラー (B–V) が大きいほど白い色を付けた．一般的に，恒星の表面温度が高ければカラーの値は小さく，逆に低ければカラーの値は大きくなる．

C.3 データの読み込み

前節までやってきたように Python のコードに直接データを打ち込むことは，データ量が多いと面倒であるので外部にデータファイルを用意してファイル読み込んで配列へと自動的に格納させる．ここでは，CSV 形式のテキストファイルの読み方の一例を示す．CSV 形式はカンマで区切られた値で構成されるデータ形式である．

まず，CSV 形式のテキストファイルを次のような形式で用意する[13]．先頭はコメント行で，コメント行を除いた最初の行はヘッダー部分で，各列の変数名である．

---

[13] 例では，表 4.1 のデータを Kirby13table4.csv というファイル名で保存した．

```
# Table 4 of Kirby et al. 2013, ApJ, 779, 102
Host,Type,Name,logM,logMerr,[Fe/H],[Fe/H]err
MW,dSph,Fornax,7.39,0.14,-1.04,0.01
MW,dSph,Leo I,6.69,0.13,-1.45,0.01
*** (中略) ***
M31,dSph,Andromeda IX,5.38,0.44,-1.93,0.20
M31,dSph,Andromeda X,5.15,0.40,-2.46,0.20
```

データのテキストファイルが用意できたら，pandas の read_csv 関数を使ってファイルを読み込む[14]．引数の delimiter=',' は，ファイルがカンマで区切られていることを教えている．comment='#' は，ファイル内の#が含まれた行をコメント行であることを教えている．

```
>>> import pandas as pd
>>> data = pd.read_csv( './Kirby13table4.csv', delimiter=',', comment='#')
```

例では，ファイルの中身を data に格納しており，

```
>>> data
```

とすれば，内容が確認できる．また，

```
>>> data.describe()
```

とすれば，数値データの記述統計も簡単に確認することができる．もし Jupyter Notebook を使用していれば，図 C.3 や図 C.4 のような画面で確認することができる．

---

[14] numpy の genfromtxt 関数や loadtxt 関数などを使用してファイルを読み込んでもよい．

In [18]: data

Out[18]:

	Host	Type	Name	logM	logMerr	[Fe/H]	[Fe/H]err
0	MW	dSph	Fornax	7.39	0.14	-1.04	0.01
1	MW	dSph	Leo I	6.69	0.13	-1.45	0.01
2	MW	dSph	Sculptor	6.59	0.21	-1.68	0.01
3	MW	dSph	Leo II	6.07	0.13	-1.63	0.01
4	MW	dSph	Sextans	5.84	0.20	-1.94	0.01

図 C.3　Jupyter notebook の画面

In [7]: data.describe()

Out[7]:

	logM	logMerr	[Fe/H]	[Fe/H]err
count	35.000000	35.000000	35.000000	35.000000
mean	5.983143	0.148286	-1.712286	0.088000
std	1.382440	0.093478	0.450099	0.103435
min	3.140000	0.050000	-2.460000	0.010000
25%	5.265000	0.085000	-2.110000	0.010000
50%	5.900000	0.130000	-1.700000	0.040000
75%	6.900000	0.200000	-1.410000	0.175000
max	8.670000	0.440000	-0.830000	0.370000

図 C.4　数値データの記述統計

C.4　最小二乗法によるパラメータの推定

ここでは，前節でファイルから読み込んだデータを使って，図 4.4 の回帰直線を最小二乗法によって求める．回帰直線は，4.2.2 項で示した方法で計算によって求めることもできるが，`scipy.optimize` の `leastsq` 関数を使うと簡単に求めることができる[15]．

---

[15] `scipy.optimize` の `curve_fit` を用いてもよい．

```
>>> from scipy.optimize import leastsq
```

なお，この書き方は，

```
>>> import scipy.optimize.leastsq as leastsq
```

と同じである．ここで，読み込んだデータのうち，最小二乗法で使用する矮小銀河の恒星質量と平均金属量のデータは，このあとの表記を簡略化するために，次のように x と y に代入しておく．

```
>>> x = data["logM"]
>>> y = data["[Fe/H]"]
```

最小二乗法によって求めたいモデル直線を def によって次のように定義する[16]．

```
>>> def model(x, b0, b1):
...     return b0 + b1*(x - 6)
```

さらに，データとモデルとの残差を求める関数も次のように定義しておく．

```
>>> def fit(params, x, y):
...     b0, b1 = params
...     residual = y - model(x, b0, b1)
...     return residual
```

leastsq 関数は，非線形最小二乗問題を解くのに有効な Levenberg-Marquardt 法を用いており，最初にパラメータの数だけ初期値を設定する必要がある．その初期値の配列を，leastsq 関数の引数として与え，次のように実行する．full_output=True にしておくと，パラメータの推定値だけでなく，その誤差なども返してくれる．

---

[16] $10^6 M_\odot$ で規格化するために，-6 をしている．

```
>>> params_ini = [1, 1]
>>> result = leastsq(fit, params_ini, args=(x, y), full_output=True)
```

最後に，最小二乗法の実行結果から必要な値を取り出す．パラメータ推定値を知るためには，

```
>>> b0, b1 = result[0]
>>> b0, b1
(-1.7074486874140298, 0.28694227204907735)
```

とすればよく，推定したパラメータの誤差を知るためには，分散共分散行列の対角成分を取り出せばよい．

```
>>> b0_err = np.sqrt(result[1][0,0])
>>> b1_err = np.sqrt(result[1][1,1])
>>> b0_err, b1_err
(0.1690437858133203, 0.12405501105443968)
```

参考文献

[1] Akhlaghi, M., Ichikawa, T.: Noise-Based Detection and Segmentation of Nebulous Objects, *ApJS*, **220**, 1–33 (2015)

[2] Arthur N. Cox (ed.): *Allen's Astrophysical Quantities*, Springer (2002), 739p

[3] Babu, G. J., Singh, K.: Inference of Means Using The Bootstrap, *Annals Statist*, **11**, 999–1003 (1983)

[4] Djorgovski, S., Davis, M.: Fundamental Propertoes of Elliptical Galaxies, *ApJ*, **313**, 59–68 (1987)

[5] Feigelson, E. D., Babu, G. J.: *Modern Statistical Methods for Astronomy With R Applications*, Cambridge University Press (2012), 490p

[6] Fukugita, M. *et al.*: The Sloan Digital Sky Survey Photometric System, *AJ*, **111**, 1748–1756 (1996)

[7] http://www.bo.astro.it/M31

[8] https://heasarc.gsfc.nasa.gov/W3Browse/star-catalog/globclust.html

[9] https://heasarc.gsfc.nasa.gov/W3Browse/star-catalog/hipparcos.html

[10] https://keplerscience.arc.nasa.gov/

[11] Ichiakwa, T. *et al.*: MOIRCS Deep Survey. II. Clustering Properties of K-Band Selected Galaxies in GOODS-North Region, *PASJ*, **59**, 1081–1094 (2007)

[12] Kirby, E. N. *et al.*: The Universal Stellar Mass-Stellar Metallicity Relation for Dwarf Galaxies, *ApJ*, **779**, 102 (21pp) (2013)

[13] Landy, S. D., Szalay, A. S.: Bias and Variance of Angular Correlartion Functions, *ApJ*, **412**, 64–71 (1993)

[14] Lupton, R.: Statistics in Theory and Practice, Prinston University Press

(1993), 204p

[15] Malmquist, K. G.: A contribution to the problem of determining the distribution in space of the stars, *Arkiv för Mathematik, Astronomi Och Fysik*, 19A. No.6 (1925)

[16] Mannucci, F. *et al.*: A fundamental relation between mass, star formation rate and metallicity in local and high-redshift galaxies, *MNRAS*, **408**, 2115–2127 (2010)

[17] Gregory, P.: *Bayesian Logical Data Analysis for the Physical Sciences: A Comparative Approach with MathematicaR Support*, Cambridge University Press (2010), 488p

[18] Press, W. H., Teukolsky, S. A., Vetterling, W. T., Flannery, B. P.: *Numerical Recipes in C The Art of Scientific Computing Second Edition*, Cambridge University Press (1992), 994p

[19] Salpeter, E. E.: The Luminosity Function and Stellar Evolution, *ApJ*, **121**, 161–167 (1955)

[20] Sharma, S.: Markov Chain Monte Carlo Methods for Bayesian Data Analysis in Astronomy, *ARAA*, **55**, 213–259 (2017)

[21] Sturges, H. A.: The choice of a class interval, *J. American Statistical Association*, **21**, 65–66 (1926)

[22] Yoshino, A., Ichikawa, T.: Colors and Mass-to-Light Ratios of Bulges and Disks of Nearby Spiral Galaxies, *PASJ*, **60**, 493–520 (2008)

[23] 赤池弘次 他：赤池情報量規準 AIC―モデリング・予測・知識発見―，共立出版 (2007)，160p

[24] 秋山 裕：統計学基礎講義 第2版，慶應義塾大学出版会 (2015)，420p

[25] 市川 隆：標準測光システム，天文月報，**90**，23–28，日本天文学会 (1997)

[26] 岩崎日出男 他：ポアソン変数の差の検定を正規分布近似検定で行うときの近似度に関する研究，日本経営工学会誌，**28**(2)，147–153 (1977)

[27] 小西貞則・北川源四郎：情報量規準，朝倉書店 (2004)，194p

[28] 久保拓弥：データ解析のための統計モデリング入門―一般化線形モデル・階層ベイズモデル・MCMC（確率と情報の科学），岩波書店 (2012)，267p

[29] 栗屋 隆：データ解析：アナログとディジタル（改訂版），学会出版センター (1991)，270p
[30] 越川常治：信号解析入門，近代科学社 (1992)，172p
[31] 東京大学教養学部統計学教室 編：統計学入門，東京大学出版会 (1991)，307p
[32] 東京大学教養学部統計学教室 編：自然科学の統計学，東京大学出版会 (1992)，366p
[33] シャロン・バーチュ マグレイン（冨永 星 訳）：異端の統計学ベイズ，草思社 (2013)，510p
[34] N. R. ドレーバー，H. スミス（中村慶一 訳）：応用回帰分析，森北出版 (1968)，378p
[35] 島谷健一郎：フィールドデータによる統計モデリングと AIC，近代科学社 (2012)，216p
[36] 豊田秀樹：基礎からのベイズ統計学: ハミルトニアンモンテカルロ法による実践的入門，朝倉書店 (2015)，228p
[37] 林 周二：統計および統計学，東京大学出版会 (1988)，282p
[38] 松原 望：統計学，東京図書 (2013)，320p
[39] 松原 望：入門 ベイズ統計，東京図書 (2008)，218p
[40] 涌井良幸：道具としてのベイズ統計，日本実業出版社 (2009)，238p
[41] 涌井良幸・涌井貞美：史上最強図解 これならわかる！ベイズ統計学，ナツメ社 (2012)，239p

索　引

■ あ

アーカイブデータ　136
赤池の情報規準 (AIC)　110
アナログ–ディジタル変換器　140
誤り確率　71
アンダーサンプリング　147

EAP　122
1次処理　135
一様分布　49
一様乱数　64
一致推定量　70
一致性　69
一般化線形モデル　107

ウォームアップ期間　128

AIC　110
ACFs　129
HWHM　46
ADC　140
エイリアシング　145
F 分布　59
MISE　95
MED　122
MCMC 法　115, 125
M 推定法　97

折り返し雑音　145

■ か

カーネル関数　94
カーネル密度推定　27
カーネル密度推定量　94
回帰直線　25
回帰分析　25
回帰平面　34
回帰モデル　25
階級　3, 4
カイ 2 乗　85
カイ 2 乗分布　58, 85
カイ 2 乗メリット関数　30, 32
ガウス分布　50
核関数　94
確率関数　44
確率分布関数　42
確率変数　42
確率密度関数　43
加重平均　7
偏り　27, 69
ガンマ分布　62

規格化定数　119, 124
幾何平均　7
棄却法　67
危険率　71
記述統計　2
基準面 (FP)　36
疑似乱数　63

期待値　44
ギブスサンプリング法　115, 133
帰無仮説　89
逆関数　64
Q-Q 図　89
共分散　22, 46
極座標法　65

偶然誤差　3, 135, 137
空乏層　149
区間推定　71

KS 検定　90
経験的累積分布関数　88
形状母数　57, 62
系統誤差　5, 135, 137
ゲイン　136
決定係数　33
ケプラー衛星　3, 93, 161
ケンドールの順位相関係数　23

光子数計測　138
個体　1
コルモゴロフ・スミノフ検定　90

■さ

最小 2 乗法　25
再生性　50
最大事後確率推定　121
最頻値　7, 9
最尤推定法　101
最尤法　100
残差　9
算術平均値　7, 8
散布図　20
サンプリング　138, 141
サンプリング定理　142, 145

CDS　150
事後確率　114
事後期待値　122
自己相関関数　129
事後中央値　122
事後分布　116
事後予測分布　121
指数分布　18, 62
事前確率　114
自然な共役事前分布　121
事前分布　116
実現値　42
四分位点　9
尺度母数　62
ジャックナイフ　74
重回帰分析　33
自由度　16
順位　24
順位相関係数　23
順序統計量　9
条件付き確率　114
ショットノイズ　3, 138
信頼区間　71
信頼係数　71
信頼限界　71

推定量　9
スケーリング指数　61
スケラム分布　57
スタージェスの式　5
スチューデントの t 分布　60
スピアマンの順位相関係数　23
SDSS　40, 94, 111

正規分布　50
正規方程式　26
制御変数　25
積分平均 2 乗誤差　95

索　引

積率　45
積率相関係数　23
絶対等級　5
説明変数　25
セルシック分布　39
遷移カーネル　126
遷移確率　126
漸近正規性　69
線形回帰　24
線形合同法　64
線形予測子　105
全数調査　2
尖度　10

相関　22
相関多重読み出し　150
相関2重読み出し　150
相関比　33
相関係数　22

■ た

ダークノイズ　136, 158
対数正規分布　53
対数尤度関数　101
畳み込み　143
単回帰分析　21, 25

逐次合理性　116
中央値　7, 9, 11, 71, 97, 154
柱状グラフ　3
中心モーメント　10
調和平均　7

t 分布　60
DU　141
点推定　69

統計量　2

等分散　46
度数　4
度数分布表　4

■ な

ナイキストサンプリング　145
ナイキスト周波数　145
ナダラヤ・ワトソン推定量　95
生データ　135

二項分布　54
2次処理　136

熱雑音　136

NoiseChisel　156
ノンパラメトリック法　2

■ は

バーンイン期間　128
パーセンタイル　9
バイアス　27, 69, 147
バイアス画像　147, 150
背景光　154
背景光雑音限界　159
破壊読み出し　149
パラメータ　2, 68
パラメトリック法　2
半値全幅　46
半値半幅　46

ピアソンの相関係数　23
BIC　111
ヒストグラム　3
非線形効果　154
ヒッパルコス衛星　4, 169
非破壊読み出し　149

非復元抽出　80
百分位点　9
標準誤差　13, 16, 28, 30, 31
標準偏差　2, 10
標本　2
標本化定理　142
標本抽出　2
標本調査　2
標本分散　10
頻度主義　115

FP　36
ブートストラップ　74
復元抽出　74
不等分散　46
不偏推定量　9, 14, 69
不偏性　69
不偏分散　15
フラックス　3
フラット化　136
FWHM　46
分位関数　64
分位点　9
分散　2, 9
分散共分散行列　52
分散分析　93
分布関数　6, 42

平均　2
平均絶対偏差　11
平均値　7, 44
平均2乗誤差　9
ベイズ更新　114
ベイズ情報規準　111
ベイズ推定　113
ベイズ統計学　113, 115
ベイズの公式　114
ベイズの法則　113

ベータ分布　57
べき分布　61
ベルヌーイ試行列　54, 117
ベルヌーイ分布　54
偏差　9
変数　2
変動　9
変量データ　3

ポアソン分布　55, 139
母集団　1
母数　2, 68
ボックス・ミュラー法　65

■ま

MAD　11, 46
MAP 推定　121
マルコフ連鎖　126
マルコフ連鎖モンテカルロ法　115, 124, 125

密度関数　43

迷光　137
メトロポリス比　127
メトロポリス・ヘイスティングス法　115
メトロポリス法　127

モアレ模様　146
モーメント　45
目的変数　25
目標分布　127
モンテカルロ法　126

■や

有意水準　86
有限修正項　16

有効性　69
尤度関数　100, 117
尤度方程式　102
ゆらぎ　138

読み出し雑音　158
読み出し雑音限界　160
読み出しノイズ　140

■ ら

ランク　24
乱数　63

リードアウトノイズ　140, 158
離散型確率変数　44
リサンプリング　74
離散分布　44
離散変数　2
リセット信号　149
リセットノイズ　149
量子化　140
量子化誤差　140
量子化雑音　140
量子効率　138
リンク関数　105

累積分布関数　6
RMSE　9

連続型確率変数　43, 44
連続変数　2

ローパスフィルタ　145
ロバスト推定法　97

■ わ

歪度　10

Memorandum

[著者紹介]

市川　隆（いちかわ　たかし）
1982 年　京都大学大学院理学研究科宇宙物理学専攻博士課程修了，理学博士
現　　在　東北大学名誉教授
専　　門　銀河天文学，赤外線天文学

田中　幹人（たなか　みきと）
2009 年　東京大学大学院理学系研究科天文学専攻博士課程修了，博士（理学）
現　　在　法政大学理工学部創生科学科 准教授
専　　門　銀河考古学，光赤外線観測天文学，天文文化論

クロスセクショナル統計シリーズ 7

天体画像の誤差と統計解析

Series on Cross-disciplinary
Statistics: Vol.7
Noise and Statistics of
Astronomy Images

2018 年 10 月 15 日　初版 1 刷発行

著　者　市川 隆・田中幹人　ⓒ 2018
発行者　南條光章
発行所　共立出版株式会社

〒112–0006
東京都文京区小日向4丁目6番19号
電話 （03）3947–2511（代表）
振替口座 00110–2–57035
www.kyoritsu-pub.co.jp

印　刷
製　本　藤原印刷

一般社団法人
自然科学書協会
会員

検印廃止
NDC 350.1, 417, 440
ISBN 978–4–320–11124–0　　Printed in Japan

JCOPY ＜出版者著作権管理機構委託出版物＞
本書の無断複製は著作権法上での例外を除き禁じられています．複製される場合は，そのつど事前に，出版者著作権管理機構（TEL：03-3513-6969，FAX：03-3513-6979，e-mail：info@jcopy.or.jp）の許諾を得てください．

Doing Bayesian Data Analysis: A Tutorial with R, JAGS, and Stan 2nd ed.

ベイズ統計モデリング

R, JAGS, Stanによるチュートリアル

John K.Kruschke著
前田和寛・小杉考司監訳

B5判・上製・784頁・定価（本体8,200円＋税）
ISBN978-4-320-11316-9

近年，国内でもベイズアプローチを用いた分析が盛んになってきおり，これまで帰無仮説有意性検定が中心であった領域やビジネスの現場においても徐々に利用されつつある。本書は，ベイズアプローチによるデータ分析を学習する人のための基礎から活用までを，理論と実践のどちらかに偏ることなく網羅した，三部構成からなる入門書である。

☙ CONTENTS ❧

本書はどのような本か（はじめに読むこと！）

第Ⅰ部　モデル，確率，ベイズの公式，そしてR
導入：確信度，モデル，パラメータ／R言語／確率と呼ばれるものはいかなるものか？／ベイズの公式

第Ⅱ部　2値の確率を推定する基礎のすべて
正確な数学的分析による二項確率の推論／マルコフ連鎖モンテカルロ法／JAGS／階層モデル／モデル比較と階層モデリング／帰無仮説有意性検定／点の（「帰無」）仮説検定に対するベイジアン・アプローチ／目標，検定力，そしてサンプルサイズ／Stan

第Ⅲ部　一般化線形モデル
一般化線形モデルの概略／1つもしくは2つの群における量的変数を予測する／1つの量的変数で量的変数を予測する／複数の量的変数で量的変数を予測する／1つの名義変数で量的変数を予測する／複数の名義変数で量的変数を予測する／2値の被予測変数／名義的な被予測変数／被予測変数が順序スケールの場合／被予測変数がカウント変数の場合／トランクの中の道具たち

参考文献／訳者あとがき／索　引

（価格は変更される場合がございます）　共立出版

http://www.kyoritsu-pub.co.jp/
https://www.facebook.com/kyoritsu.pub